U0343861

联合国开发计划署（UNDP）/全球环境基金（GEF）

中国生物多样性伙伴关系和行动框架
——机构加强与能力建设优先项目
成果汇总报告

生态环境部对外合作与交流中心　编

中国环境出版集团·北京

图书在版编目 (CIP) 数据

中国生物多样性伙伴关系和行动框架：机构加强与能力建设优先项目成果汇总报告 / 生态环境部对外合作与交流中心编 . —北京：中国环境出版集团，2019.12

ISBN 978-7-5111-4233-7

Ⅰ.①中… Ⅱ.①生… Ⅲ.①生物多样性—生物资源保护—研究—中国 Ⅳ.① X176

中国版本图书馆 CIP 数据核字（2019）第 297199 号

出 版 人　武德凯
策划编辑　王素娟
责任编辑　王　菲
责任校对　任　丽
封面设计　岳　帅

出版发行　中国环境出版集团
　　　　　（100062　北京市东城区广渠门内大街 16 号）
　　　　　网　　址：http://www.cesp.com.cn
　　　　　电子邮箱：bjg1@cesp.com.cn
　　　　　联系电话：010-67112765（编辑管理部）
　　　　　发行热线：010-67125803，010-67113405（传真）
印　　刷　北京建宏印刷有限公司
经　　销　各地新华书店
版　　次　2020 年 3 月第 1 版
印　　次　2020 年 3 月第 1 次印刷
开　　本　787×1092　1/16
印　　张　11.75
字　　数　250 千字
定　　价　39.00 元

编委会

目 录

第一章　项目总体情况介绍

中国是世界上生物多样性最为丰富的国家之一，主要的生态系统包括陆地生态系统，如森林、灌木、草甸、草原、沙漠和湿地；海洋生态系统，如黄海、东海、南海和东海暖流。中国拥有 34 984 种高等植物，位居世界第三；脊椎动物有 6 445 种，占世界总数的 13.7%；真菌约有 10 000 种，占世界的 14%。中国拥有丰富的遗传资源，是很多重要农作物的原产地，如水稻和大豆。中国也是野生果树和栽培果树的重要原产地。据不完全统计，中国拥有 1 339 种栽培作物和 1 930 种野生近缘种。中国的果树物种位居世界第一。中国拥有 567 种驯化动物，是世界上拥有驯化动物物种数量最多的国家。

中国拥有众多重要的特殊生态系统。保护国际（CI）界定的 34 个全球生物多样性热点地区中，有 1 个完全位于中国境内、3 个部分位于中国境内。零灭绝联盟（AZE）评估指出，除了南美洲的国家外，中国是最受关注的国家。国际鸟类大会的调研指出中国拥有 14 处适合鸟类分布的自然生境，拥有 445 个重要的分布地。世界自然基金会（WWF）确定的 200 个生态区中，中国拥有 3 个。截至 2015 年，中国拥有 10 个自然遗迹地、4 个自然与文化混合遗迹地，有 46 个湿地被列入《湿地公约》的清单，32 个生物圈保护区被列入"人与生物圈"保护地。

然而，中国的生物多样性受到多种因素的威胁，其中一个威胁是缺乏有效的监管。尽管政府部门已经做出了很大努力，但生态保护仍存在一些问题，包括：能力建设不足，相关部门（政府部门和私营部门）重视程度不够，导致生态保护的效果差；执行生物多样性项目的能力欠缺；缺乏监督项目进程的政策框架和体系；调动资源的机制较弱，宣传能力不高；过去由国际机构支持的项目，如全球环境基金（GEF）资金支持的项目，一般用于空间上的生态重点区域，包括省级保护优先区，未用于解决国家层面的体系上的问题与需求，这种做法并未得到预期的结果，并且花费大，不可持续。为解决上述问题，在中国生物多样性伙伴关系和行动框架（以下简称 CBPF 框架项目）下开发了中国生物多样性伙伴关系和行动框架——机构加强与能力建设优先项目（以下简称 IS 项目）。

CBPF 框架项目的目标是：降低生物多样性丧失速率，为可持续发展做出贡献。IS 项目将为 CBPF 框架项目的实施提供有力支持，通过借鉴国际最佳做法，形成国家政策和制度框架；其实施有助于促进社会 - 经济议题（贫困和应对气候变化）中的生物多样性主流化，并因此在生态保护与可持续发展之间搭建起积极的联系。为此，IS 项目重点涵盖 5 个方面：

①制度化的生物多样性保护伙伴关系机制。

②生物多样性保护的规划体系与框架。

③社会经济发展中的生物多样性主流化。

④政府支持、基于市场的生态服务补偿机制。

⑤生物多样性纳入应对气候变化的计划中。

针对以上 5 个方面，IS 项目通过完成 5 个互相联系的成果来实现项目目标：

成果 1：加强国家层面的生物多样性协调机制。

成果 2：提升生物多样性保护规划体系，包括监测与评估体系。

成果 3：在国家规划和计划中使生物多样性保护主流化。

成果 4：建立政府支持的，以及基于市场的生态补偿机制。

成果 5：将生物多样性保护纳入应对气候变化的政策与计划。

IS 项目 5 个成果之间的相互联系性为：成果 1 是使国家层面的生物多样性协调机制得以强化。此目标与 CBPF 框架项目直接相关，利于巩固和加强项目中的其他工作的成果，以及为 CBPF 框架项目其他伙伴项目提供支持。成果 2 的重点是使生物多样性保护规划体系得以提升，包括监测与评估体系。然而，为使生物多样性保护规划更为有效，需要将其与社会 - 经济和部门规划联系起来。因此，成果 3 的重点是社会 - 经济规划以及部门规划，并确保这些规划在生物多样性保护中起到积极作用。此外，为了使规划更有意义和更加有效，需要强化这些规划与资金和预算的联系，并增加资金投入。因此，成果 4 的重点是增加资金投入，拓宽资金渠道，包括私营部门融资。最后，成果 5 的重点是将生物多样性纳入应对气候变化的政策与计划中。

IS 项目成果为 CBPF 框架项目的成功提供了有力的支持。IS 项目成果 1 贡献于 CBPF 框架项目专题 1（提升生物多样性的监管）的成果 9（有效的生物多样性伙伴关系）；项目成果 2 贡献于 CBPF 框架项目专题 1（提升生物多样性的监管）的成果 1（提升国家生物多样性的法律和制度体系的有效性）；项目成果 3 贡献于 CBPF 框架项目专题 2（生物多样性主流化到社会 - 经济部门规划以及决策中）的成果 10（生物多样性保护与可持续发展主流化到国家发展计划中）；项目成果 4 贡献于 CBPF 框架项目专题 1（提升生物多样性的监管）的成果 4（投入生物多样性保护中的资金流得到增加）；项目成果 5 贡献于 CBPF 框架项目专题 1（提升生物多样性的监管）的成果 8（生物多样性适应气候变化）。

此外，中欧生物多样性项目（ECBP）中的一些创新做法和技术也被设计到 CBPF

框架项目中。中欧生物多样性项目和 CBPF 框架项目的项目办公室都设在原环境保护部对外合作中心（FECO/MEP），促进了两个项目间的协同增效。

第一节　项目总体情况

一、项目管理与资金情况

IS 项目的实际执行期为 6 年（2010—2016 年），国际执行机构是联合国开发计划署（UNDP），实施机构是环境保护部环境保护对外合作中心（FECO/MEP）。项目成立了三个互相促进的小组：项目指导委员会（PSC）、项目协调小组（PCG）以及指导与咨询小组（ACG）。项目指导委员会为项目活动及对项目的总体方向给予指导，成员包括来自中央相关部委（财政部、环境保护部）及 UNDP 的司局级代表，由于其成员的广泛性和代表性使项目得到了国家部门的广泛重视。项目协调小组由相关的国内外机构和单位构成，包括：国家发展和改革委员会（中国）、财政部（中国）、国土资源部（中国）、环境保护部（中国）、农业部（中国）、国家林业局（中国）、UNDP、联合国环境规划署（UNEP）、欧盟（EU）、意大利国土与海洋部、挪威政府、保护国际（CI）、世界自然保护基金会（WWF）、大自然保护协会（TNC）等。

项目在环境保护部环境保护对外合作中心设置了项目管理办公室（PMO），由全职的项目经理领导，共有 5 名员工，其中 4 名是长期职位：项目协调员（PC）、项目监测评估官员（M&E）、项目助理和项目财务官员（PA/FO），还有 1 名首席技术顾问（CTA）。PMO 负责起草项目的工作计划、设计项目活动、开展采购招标、准备项目监测报告、进行成果间的日常协调工作，以及其他沟通交流工作等。

UNDP 在项目人员招聘与项目实施过程中提供了支持项目主要的利益相关方或伙伴方，除包括国家相关部委［环境保护部（MEP）、财政部（MOF）、国家发展和改革委员会（NDRC）、国家林业局（SFA）、国家海洋局（SOA）、原农业部（MOA）］外，还包括：

《生物多样性公约》履约指导委员会（CBDSC）。CBDSC 由国务院领导，负责国内《生物多样性公约》（CBD）履约，以及与生物多样性相关部门的协调，是一个协调中国生物多样性保护的机构，由 24 个部级单位构成，基于各单位的职能与职责，以及在生物多样性保护中的相对优势，各单位在生物多样性保护中发挥各自的作用。

CBDSC 秘书处。作为履行《生物多样性公约》指导委员会的秘书处，主要负责筹备组织相关工作会议、准备工作计划等。在制度上，该秘书处等同于政府部门中的一个司，由环境保护部自然生态保护司承担该秘书处的日常工作。

欧盟（EU）：欧盟支持了中欧生物多样性保护项目，此项目的范围和影响都很大，其主要目标是支持中国政府更好地履行《生物多样性公约》，以及将生物多样性纳入发展进程中。CBPF 框架项目的一个重要组成部分就是为中国南部、中部和西部的生物多样性丰富地区的 18 个项目提供资金配套和指导。

保护国际（CI）：支持了很多生物多样性保护项目和规划，其中包括生物多样性保护创新融资机制的项目。CI 在中国西南部的项目包括减贫、生态补偿（PES）、私营部门的能力建设、气候变化适应、物种保护。这些议题都与本项目紧密相关。

大自然保护协会（TNC）：支持了很多生物多样性保护项目和规划，其中许多与生物多样性规划和气候变化适应有关。该机构擅长国家层次的生态评估、确定生态优先保护区域（蓝图项目）、省级层次的能力建设、生物多样性保护行动计划、气候变化适应与建模。这些都与本项目相关。

世界自然基金会（WWF）：WWF 积极支持森林保护、淡水保护以及海洋生态保护项目，还积极支持、研究大熊猫的自然生境保护。同时，WWF 致力于西藏草甸的保护工作，以及正在开展一个关于气候与能源的项目。

IS 项目资金总额是 23 098 182 美元，构成如下：GEF 提供项目资金 4 508 182 美元、中国政府提供实物 / 现金 9 000 000 美元、UNDP/ECBP 平行筹资 6 000 000 美元、意大利提供实物 180 000 美元、WWF 提供实物 1 600 000 美元以及 TNC 提供实物 1 460 000 美元。

二、项目监测与评估机制

项目开发了系统的监测与评估体系，包含了 35 个评估工具（包括积分卡、逻辑框架等），很好地运用到了项目活动规划中。该体系的设计提高了项目管理效率，是管理体系中不可或缺的一部分；同时可以长期监测项目目标的影响，在有效监测项目"执行进度"方面起到了重要作用。监测与评估体系主要包括进展报告、独立评议和 PSC- 第三方审查。

1. 进展报告

根据 GEF 和 UNDP 的规定，PMO 在每个季度初向 UNDP 提交上一季度工作报告（QPR），概述项目活动的执行情况、财务信息（FACE）以及上一个季度的项目进展问题等，同时提交下一季度的工作计划（QWP）。PMO 在每年 6 月月末向 UNDP 提交执行综述（PIR），内容包括从上一年度 6 月至报告年度 6 月的项目进展情况、成果指标、风险管控及项目预算调整等，该文件在得到 UNDP 区域技术顾问的同意后，进一步提交给 GEF。PMO 在每年 1 月月初向 UNDP 提交年度报告（APR），汇报项目活动的年度执行情况、资金情况、风险管控以及监督情况等。

2. 独立评估

应 GEF 和 UNDP 的要求，项目在实施中期以及邻近终期开展独立评估，两次独立评估均由 UNDP 招募专家组承担，分别包括一名外方专家和一名中方专家。2013 年 5 月，UNDP 组织专家组对项目进行了中期评估，评估专家组对项目总体评价较好，项目在各个层次上都展现出了很强的领导力。2015 年 10 月，UNDP 组织专家组对项目进行了终期评估，评估等级为"满意"（satisfactory），对本项目的实施过程和结果产出给予了高度评价。

3. PSC- 第三方审查（TPR）

每年年底，PMO 组织召开 PSC 会议，PMO 向 PSC 全部成员汇报本年度项目执行情况，同时提议来年的工作计划或活动更新，经 PSC 讨论后才予以通过。

项目的监测与评估体系在 PMO 内部执行时，包括对机构分包合同的监测评估和外部专家提供的咨询服务的评估。对机构分包合同的评估首先由项目经理对产出报告进行评估，继而交由项目首席技术顾问（CTA）（可能的情况下）进行评估，再由技术指导小组和项目指导委员会进行评估；对外部专家提供的咨询服务的评估主要依据是其是否完成了工作大纲要求的咨询服务内容。

第二节　项目成果与产出

一、成果 1：国家层面生物多样性保护协调机制得到加强

本成果目标之一是促进 CBPF 框架项目运行，使之形成持续的结构和程序，在政府和广泛意义上的生物多样性领域中建立了一个全面的对话机制。因为 CBPF 框架是一个多伙伴规划项目，对此框架的监测会影响决策导向。项目结束后，CBPF 框架项目取得了多方面的效益，包括协同增效、加强政策对话以及提高资源利用效率，从而进一步优化政策，提升生物多样性保护领域各利益相关方的效率及相关性。本成果中的一个重要组分是：作为一种优化的方式，对伙伴关系本身的监测。

1. 建立了协调管理机制

为了有效实施 IS 项目，在环境保护部支持下，在项目实施之初就建立了两个机制，即项目指导委员会（PSC）和项目协调委员会（PCC）。前者成员单位较少，主要针对 IS 项目的执行；后者成员单位较多，主要承担 IS 项目甚至整个 CBPF 框架项目

层面的协调，此外，还建立了技术层面的咨询顾问专家组（ACG）。

（1）成立了项目指导委员会

IS 项目指导委员会由财政部、环境保护部环境保护对外合作中心和 UNDP 组成，其主要职责是：

① 指导 CBPF 框架项目实施，确保其有序建立与运行，并使其与中国生物多样性保护国家委员会的行动一致。

② 评估 CBPF 框架项目下各分项目的实施，并提出相关建议。

③ 指导建立有效的 CBPF 框架项目协调组，制定协调委员会的职责。

④ 指导建立可持续的咨询顾问组，制定咨询顾问组的工作职责和范围，确保 CBPF 框架项目的可持续性。

⑤ 指导建立相关机制以鼓励伙伴间信息共享和定期交流，如国内机构间相关政策信息，并监督其有效实施。

（2）成立了项目协调委员会并发挥积极作用

建立项目协调委员会是伙伴关系建立和运行的关键。协调委员会作为伙伴关系的重要组成部分，有助于发展生物多样性保护的协同作用。协调委员会的建立，可以发展团结各伙伴方的力量来应对中国生物多样性丧失；确保各方规划重点趋于集中，协调各方着眼于框架中的优先问题；促进伙伴方之间的信息交流和经验共享；为政府决策者和国际组织交流提供平台，确保各伙伴方能够在政策制定过程中充分参与。协调委员会原则上每年召开一次会议，遇有重大的协调问题或特殊情况，可举行临时协调委员会会议。

（3）成立了成果工作组（ACG/OT）并发挥积极作用

成果工作组于 2011 年建立，由 25 名不同学科专家组成，共 5 组，每组 5 位专家，包括：协调机制工作组、规划体系工作组、生物多样性主流化工作组、生态补偿工作组、气候变化工作组。ACG 的专家来自不同部门和机构，主要包括科研院所、大学、非政府组织、使领馆或发展计划、重要的私营部门及独立专家。ACG 的运作灵活，是一个以任务为导向的咨询顾问专家组。成立之初，ACG 运作模式是在项目管理办公室的监督管理下负责各成果的咨询服务工作，随着 IS 项目的展开，ACG 专家可直接参加各子项目活动，并通过内部网络，将 ACG 各个工作组的成果和经验及时收集，与 CBPF 框架下的其他项目共享。

ACG 的主要职能是提供多方面的技术指导，提供国内外生物多样性保护发展方面的信息，提出生物多样性保护政策和机构管理建议，协助各种保护机构和伙伴关系协调委员会之间的沟通，以及为项目管理办公室提供定期技术支持。

（4）PSC/PCC 秘书处（项目秘书处，PMO）发挥了积极作用

在环境保护部环境保护对外合作中心建立了 IS 项目办公室，同时也是 PSC 和 PCC 的秘书处，负责 PSC 和 PCC 的日常事务，负责 ACG 的组织和联络，并负责项目的具体实施和进度监督。

2. 举办了面向媒体的培训

为扩大对生物多样性保护的宣传，项目举办了媒体培训班。

在 2011 年 8 月 1 日举办了媒体培训班。《人民日报》、新华社、《光明日报》、中国国际广播电台、人民网、凤凰卫视和《中国环境报》等 30 多家主流媒体记者参加。我国生物多样性现状及政府相关工作和政策、2010 国际生物多样性年中国行动成果以及 2011—2020 年联合国生物多样性十年国际战略内容和动态等内容在培训班上进行了详细解读。

受环境保护部生态司和宣教司委托，在 2012 年 6 月 25—26 日举办了"生物多样性宣传媒体和民间环保团体培训交流会"，来自中央电视台、中国国际广播电台、《经济日报》、中国网、《文汇报》、《大公报》、《中国环境报》等 20 多家主流媒体记者和民间环保团体代表、中华环保联合会和中国环境记协等参会。会上介绍了国家生物多样性保护最新政策动态、联合国生物多样性十年中国行动方案和中国履行《生物多样性公约》阶段性进展及热点问题等。

3. 加强了伙伴关系信息共享能力建设

（1）开发了 CBPF 框架信息系统与网站后台

为加强 CBPF 框架各项目之间的交流，扩大整个 CBPF 框架项目的影响力，IS 项目组建立了 CBPF 框架项目网站，是 CBPF 框架下 9 个子项目的统一官方网站（中英文双语），承担着对外宣传和推介、对内知识管理和信息分享的主要功能。CBPF 框架项目的官方网站建设工作涉及三个步骤：网站开发、网站维护和流量监测、网站推广。首先为了达到网站安全性和可扩展性的统一，服务供应商使用了主流软件和平台，采用标准化的产品架构、良好的管理界面和简捷的操作方式。其次在网站权限设置上满足用户认证权限系统与业务核心分离、界面与业务核心分离、数据库与业务核心分离、中文与英文分离并对应等要求。

（2）组织了 CBPF 框架项目内部交流会议

CBPF 框架项目中包括 9 个项目，共得到 GEF 3 200 万美元的供资。为了加强项目之间的交流与信息分享，IS 项目在财政部的支持下组织了项目间的内部交流会。交流会上 CBPF 框架项目下 9 个项目分别进行了项目进展和经验介绍，促进了各项目间的协同增效、资源共享以及交流合作。

2012 年 3 月 29 日，在北京召开 CBPF 框架项目内部第一次交流会。CBPF 框架下 9

个项目的国际执行机构、国内管理单位和地方执行机构、项目专家、成果专家组的成员参加了会议。来自财政部、环境保护部环境保护对外合作中心、联合国开发计划署、亚洲开发银行等39家机构及9个省市（北京市、河北省、江苏省、山东省、河南省、四川省、陕西省、甘肃省和青海省）的57名官员和代表参加了会议。

2012年9月22—23日，在江苏盐城召开CBPF框架项目内部第二次交流会。会上培训了如何更新CBPF框架项目网站信息，以及如何进行信息的共享。

2014年5月22日"国际生物多样性日"，在国际生物多样性纪念大会期间召开了CBPF框架内部第三次交流会，CBPF框架项目的9个子项目交流项目执行过程中的经验教训。

4. 组织了伙伴成员单位参加《生物多样性公约》相关活动，加强履约能力建设

（1）组织参加了CBD会议

协助环境保护部生态司，组织CBPF框架项目的成员单位加入中国代表团，共同参加CBD的相关会议，包括每两年一次的缔约方大会（COP）、每年一次的科学咨询会议（SBSTTA），以及CBD下的工作组会议，如8（j）工作组和遵约工作组（WGRI）会议。此外，还有《生物安全议定书》和《名古屋议定书》相关的会议。

IS项目组还承担了中国代表团参加CBD相关会议的准备工作，包括会议文件翻译解读、会议策略研究、会议方案制定以及代表团出国参会各项筹备实施工作等。其中IS项目组人员也是重要的谈判人员，直接参加CBD相关议题谈判，对CBD及相关议定书谈判进展作出了直接贡献。IS项目组人员通过参与国际会议了解生物多样性保护相关的国际进程和发展趋势，将国际履约新的要求融入IS项目的实施当中，进而将IS项目成果直接用于国际履约。

（2）组织CBPF框架项目成员单位参加了"5·22国际生物多样性日"活动

"5·22国际生物多样性日"活动被视为CBPF框架项目开展公众宣传的一个重要传统活动，以此促进中国的生物多样性保护工作，同时也积极响应"联合国生物多样性十年"的要求。

2013年5月22日在北京举办的国际生物多样性日活动，时任环境保护部副部长、中国生物多样性保护国家委员会秘书长李干杰，UNEP国家办公室张世刚，UNDP国家主任助理，以及其他200余位来自政府、大学、NGO和媒体的代表参加了活动。活动邀请中央电视台新闻主播郎永淳作为"生物多样性保护中国行动"的形象大使，会议以郎永淳的名义向210 000个手机号码发送了短信，呼吁大家采取行动保护生物多样性。

2014年5月22日在山东青岛举办的国际生物多样性日活动，时任环境保护部副部长李干杰、《生物多样性公约》秘书处执行秘书迪亚斯、青岛市市长、CBD秘书处、

CBPF 框架项目成员单位、地方区域及国际机构组织、科研机构和媒体等参加了活动。期间举行了两个亚洲区域培训研讨班，主题分别是"南南合作"与"城市多样性"，目的是为促进亚洲区域生物多样性主流化、提高本区域生物多样性管理能力，来自东亚、南亚和东南亚 17 个国家的 180 位代表参加了活动。

（3）组织"生物多样性和绿色发展国际论坛"

为促进各利益相关方参与生物多样性保护的工作，自 2011 年起，CBPF 框架项目便组织"生物多样性与绿色发展国际论坛"系列活动。这些里程碑式的活动为今后的一些重大活动奠定了基础。

2012 年 9 月 13 日举办"生物多样性与绿色发展国际论坛"，由环境保护部环境保护对外合作中心主办，CBPF 项目协办，环境保护部副部长李干杰发表主题演讲，中国生物多样性与绿色发展基金会主席胡德平发表重要讲话。来自外交部、财政部、UNEP、UNDP、ADB、CBD 秘书处、中国社科院、国际机构代表参加了论坛。论坛期间完成了两个活动的签署，一是由国内的 10 个执行单位以及国际执行机构共同签署 CBPF 框架项目；二是来自企业界的代表签署了"企业参与生物多样性"的倡议，参会代表就"伙伴关系和绿色发展"和"企业参与和绿色发展"两个议题交换了意见。此次论坛取得了三项主要成果：一是宣传了生物多样性友好的绿色发展模式；二是推动了企业参与生物多样性保护工作；三是启动了生物多样性的伙伴关系新航程。论坛在中国是一个创新的举措，将生物多样性保护和绿色发展落到实处。

2013 年 5 月 22 日在北京举行"生物多样性与绿色发展国际论坛"。论坛活动的目的是履行 CBD 相关决定，以及推动企业参与生物多样性保护。论坛由环境保护部和 UNEP 主办，环境保护对外合作中心组织协办。CBD 秘书处执行秘书迪亚斯先生、时任环境保护部副部长李干杰、UNEP 代表张世刚、联合国工发组织 UNIDO 区域办公室 Edward Clarence-Smith、环境保护对外合作中心领导以及其他单位的领导参加了论坛。

2015 年 6 月 27 日在"2015 年贵阳国际生态文明论坛"期间，IS 项目组织了"生物多样性和绿色发展"主题分论坛，环境保护部、UNDP、CBD 秘书处、UNEP-WCMC、IUCN、ASEAN、WWF、TNC、贵州省政府和国内其他机构以及非政府组织的共 100 余名代表参加了分论坛，分论坛上介绍了区域和次区域生物多样性领域的合作和公众参与机制方面的经验。

5. 启动了企业参与计划

项目执行中，促进和规范企业参与生物多样性保护成为 CBD 重要议题并形成全球合作共识已成为一个趋势。CBD 第 10 次、第 11 次缔约方大会上先后通过了"企业界参与"等有关决议，同时 CBD 秘书处积极推动"企业与生物多样性全球伙伴关系"建设，并向中国发出正式加入的邀请。到 2014 年 10 月 CBD 第 12 次缔约方大会时，已有巴西、加拿大、智利、欧盟、法国、德国、印度、日本、韩国、中美洲、秘鲁、南非、斯里兰卡等 18 个国家（地区）建立了本国（区域）企业与生物多样性倡议机制，加入了 CBD "企业与生物多样性全球伙伴关系"。

根据公约秘书处对"全球伙伴关系"所设立的使命[1]、目标[2]以及相关规定[3]的要求，2014 年 12 月 26 日环境保护部正式批准由环境保护对外合作中心代表中国加入"全球伙伴关系"，负责"中国企业与生物多样性伙伴关系"机制构建和日常工作的具体实施，并与 CBPF 框架项目、生物多样性与绿色发展国际研讨会活动等履约工作协同推进。2015 年 5 月 22 日，公约秘书处执行秘书迪亚斯先生在参加"5·22 国际生物多样性日"活动期间，听取中心汇报并为中方颁发《生物多样性公约》"企业与生物多样性全球伙伴关系"机制证书，赞赏了中国积极推动企业参与的决心和进展，对尽快落实公约要求的关于国家机制构建、成员发展、运行模式等方面提出要求。

6. 履行 CBD 的国家财政需求研究

2012 年 7 月，项目完成了"中国履行《生物多样性公约》资金需求分析研究报告"，主要成果如下：

① 完成了《生物多样性公约》最近几年来缔约方大会的相关决议与新任务以及各缔约方相应的责任与义务的综述，分析评估了国内《生物多样性公约》履约工作进展、相关政策、法律法规、相关规划等内容，包括主要履约成就、制约因素、有利条件和履约工作中存在的主要问题等。

② 完成了生物多样性保护投入资金评估。以 2010 年为基线，通过收集和分析中央政府和地方政府现有财政渠道以及其他社会渠道的投资数据，评估了 2010 年狭义上实际用于生物多样性保护的资金为 126.37 亿元。

③ 测算了为实施《中国生物多样性保护战略与行动计划（2011—2030 年）》中提出的战略任务、优先行动和优先项目所需要的投入。2011—2020 年需要投入约

1　公约秘书处对"全球伙伴关系"所设立的使命：在商界提倡生物多样性和可持续发展，帮助企业提高相关的意识、认知和能力，促进在这一领域的利益相关方之间展开对话，从而在全球维度上降低生物多样性丧失率。

2　公约秘书处对"全球伙伴关系"所设立的目标为：作为连接伙伴成员的资源网络、信息源头和为解决方案提供场所，指导和支持伙伴关系成员识别和解决关于企业与生物多样性保护和可持续利用等相关问题和挑战，推动在私营部门被有效纳入或主流化。

3　公约秘书处对"全球伙伴关系"所设立的相关规定包括："逐步发展包括企业、行业协会、地方政府、学术界和非政府组织等多利益相关方的伙伴成员""为成员提供知识、工具、培训和对话，用于支持和激励企业将生物多样性保护与可持续利用纳入其日常业务运营""为不同国家和区域的利益相关方提供一个连接生物多样性与企业的平台，分享想法和进行对话""支持企业开发和实施将生物多样性保护和可持续利用的行动"等。

1 436.3 亿元，其中 2011—2015 年需要投入约 729.43 亿元，2016—2020 年需要投入约 706.87 亿元（表 1-2-1）。

表 1-2-1 实施《中国生物多样性保护战略与行动计划（2011—2030 年）》的资金需求

战略任务	资金需求测算 / 亿元		
	2011—2015 年	2016—2020 年	2021—2030 年
1. 完善生物多样性保护相关政策、法规与制度	1.27	1.20	
2. 推动将生物多样性保护纳入相关规划	5.00	12.03	
3. 加强生物多样性保护能力建设	57.55	30.40	
4. 强化就地保护和合理开展迁地保护	661.70	650.43	
5. 促进生物资源可持续开发利用	—	10.5	
6. 推进遗传资源及相关传统知识惠益共享			
7. 提高应对生物多样性新威胁和新挑战的能力	2.32	1.31	
8. 提高公众参与意识和加强国际合作与交流	1.50	1.00	
合计	729.43	706.87	14 362.95

④评估了全面实施《公约》第 10 次缔约方大会提出的"2011—2030 年战略计划"和"爱知"目标的资金需求：2021—2030 年共计需要约 14 362.95 亿元，折合约 2 779.65 亿美元，需要额外投入的资金缺口很大，需要扩大资金渠道。

二、成果 2：生物多样性保护规划体系得到加强

在此成果下，中国生物多样性保护领域的各个机构共同合作，构建了一个用于生物多样性保护的更加有效的规划框架，并被纳入国家规划与财政体系中。具体产出包括：修订 1994 年的《国家生物多样性行动计划》，编制新的《中国生物多样性战略与行动计划》（NBSAP）；作为技术工具系统规划相关研讨会，包括全国研讨会、省级战略与行动计划（PBSAP）和部门战略与行动计划的研讨会；推动实施 PBSAP 并作为其信息管理的监督体系；提出关于生物多样性保护的国家和省级信息决策体系；推动至少两个省和两个部门的战略与行动计划的编制。具体成果如下：

1. 支持国家 NBSAP 的发布与 CBPF 框架项目内容的调整

国务院于 2010 年 9 月 15 日审议并批准实施《中国生物多样性保护战略与行动计划（2011—2030 年）》，9 月 17 日，环境保护部发布《关于印发〈战略与行动计划（NBSAP）〉的通知》（环发〔2010〕106 号）至各省、自治区、直辖市人民政府和国务院相关部门。在 CBPF 框架项目的参与下，NBSAP 提出，到 2015 年力争使重点区域生物多样性下降的趋势得到有效遏制，到 2020 年努力使生物多样性的丧失与流失得

到基本控制，到 2030 年使生物多样性得到切实保护。通过空缺分析，NBSAP 确定了 32 个内陆陆地和水域生物多样性保护优先区域，以及 3 个海洋和沿海生物多样性保护优先区域；并根据战略目标和战略任务，综合确定了我国生物多样性保护的 10 个优先领域内的 30 项优先行动和今后 5～10 年中国亟需实施的 39 个优先项目。

① CBPF 框架项目为编制 NBSAP 提供了基础。CBPF 框架项目的设计始于 2007 年之前，其 PIF 阶段与 NBSAP 的起草工作基本同步，因此，CBPF 框架项目不仅一直协同了 NBSAP 的编制工作，而且 CBPF 框架的项目内容对起草 NBSAP 作出了贡献。第一，设计 CBPF 框架项目的主要中方专家同时也是负责起草 NBSAP 的主要专家，在项目设计理念上是相通的；第二，CBPF 框架项目的设计先于 NBSAP，CBPF 框架项目设计的"一揽子"项目内容成为 NBSAP 优先行动和优先项目的重要参考。因此，CBPF 框架项目的理念影响了 NBSAP 的制定，例如，NBSAP 列出的优先行动中"30 推动建立生物多样性保护伙伴关系"，即来自 CBPF 框架项目。通过 NBSAP 的发布，不仅使"伙伴关系"这一概念成为政府行动，同时还对这一概念赋予了具体内容，包括建立部门间生物多样性保护合作伙伴关系，建立国际多边机构、双边机构和国际非政府组织参与的生物多样性保护合作伙伴关系，以及建立地方、社区和国内非政府组织的生物多样性伙伴关系。

② CBPF 框架项目促进了 NBSAP 的实施。IS 项目协助环境保护部制定了监督和评估伙伴关系成员实施 NBSAP 的进展的指标体系，为每项优先行动和每个责任部门建立了详细的监测和评估的指标，包括任务分工的建议等，大大加强了相关伙伴关系成员的责任，促进了政府相关部门和其他伙伴关系成员在实施 NBSAP 方面的积极性。

③ 在 IS 项目的推动和合作下，环境保护部制定了政府各相关部门共同实施 NBSAP 的任务分工建议。2012 年 6 月 4 日召开中国生物多样性国家委员会第一次会议审议通过了《关于实施〈中国生物多样性保护战略与行动计划（2011—2030 年）〉的任务分工》，环境保护部于 2012 年 6 月 13 日以"环发〔2012〕68 号"发布了此任务分工。

2. 为各省编制 PBSAP 提供技术支撑

环境保护部于 2010 年 9 月 29 日下达文件（环办〔2010〕134 号），要求各省、自治区和直辖市人民政府的环保部门尽快编制本地区的生物多样性保护战略与行动计划，建立地方生物多样性保护部门的协调机制。为配合环境保护部的行动并同时协助地方政府，IS 项目支持吉林、广西、海南 3 个省（自治区）编制完成并发布了省级生物多样性保护战略与行动计划。在支持省（自治区）编制 PBSAP 的工作中，首先举办了"省级生物多样性战略与行动计划编制培训班"，2011—2013 年，IS 项目先后在广西、新疆和海南举办了三次培训班，聘请专家讲授专业知识和 NBSAP 编制经验示范，培训了全国参与 PBSAP 编制的政府官员、专家共 300 多人。

2012 年 4 月 19—21 日，全国 PBSAP 编制培训班在海口成功召开。培训班由环境保护部生态司主办、环境保护对外合作中心和海南省国土环境资源厅承办、IS 项目提供资助和支持。来自全国 31 个省（自治区、直辖市）、新疆生产建设兵团环保厅（局）和辽河保护区管理局等生态部门业务负责人，以及各省生物多样性保护战略与行动计划编制主要技术人员，共 90 余名代表参会。云南、广西、青海和海南代表介绍了 4 个省（自治区）PBSAP 编制进展汇报，各省就其编制进展、面临的主要困难和问题、编制工作经验、体会进行分组交流和讨论。此外，培训班还进一步落实了各省生物多样性保护战略与行动计划的编制进展、组织机构设立、资金落实情况、预计完成时间、相关针对性文件制定、生物多样性机构设立等最新进展情况，为下一步部委相关工作的整体部署安排提供了基础信息和依据。

举办 PBSAP 编制培训班，介绍了 NBSAP 编制的经验和技术体系，解读了 NBSAP 的重点内容，提高了省级制定 PBSAP 的能力；通过收集各省制定 PBSAP 的进展信息，及时了解全国各地编制 PBSAP 的工作进展；并通过总结和交流各省在编制 PBSAP 方面的经验和存在的问题，促进了 PBSAP 编制的进度和质量，推动了全国 31 个省（自治区、直辖市）PBSAP 的制定。

3. 推动 PBSAP 制定的示范实践

为了配合环境保护部提出各省（自治区、直辖市）编制 PBSAP 的要求，IS 项目指导和支持了 3 个省（自治区）的 PBSAP 编制工作。

（1）推动广西壮族自治区的 PBSAP 编制

IS 项目资金支持对于广西完成 PBSAP 具有重要作用。主要工作有：

第一，组织权威专家对广西编制组进行培训和研讨。项目办组织 NBSAP 编制组的首席专家和核心专家多次到广西，与广西当地参与 PBSAP 编制的专家进行交流和研讨，将 NBSAP 编制工作的组织情况、编制过程、内容结构、成功经验和困难教训与当地进行了深入交流，为地方成功编制 PBSAP 提供了借鉴。

第二，帮助广西制定了详细的"编制工作方案"。在 IS 项目的支持下，广西 PBSAP 制定了完整的"广西 PBSAP 编制工作方案"，并由广西壮族自治区人民政府办公厅于 2011 年 9 月 20 日以"通知"形式发至 23 个相关部门和单位。该"编制工作方案"是整个编制工作取得成功的基石。

在 IS 项目的积极促进和支持下，《广西壮族自治区生物多样性保护战略与行动计划（2013—2030 年）》经自治区第 12 届人民政府第 21 次常务会议审议通过，于 2014 年 3 月 13 日正式发布。该 PBSAP 确定了 8 个生物多样性优先保护区，提出 8 个领域的 24 项优先行动，为广西 17 年的生物多样性保护工作提供了一张清晰的蓝图。

（2）推动海南省 PBSAP 的编制

海南省的 PBSAP 编制进程与广西相似，IS 项目办与海南省环保厅进行了紧密的合作，在 30 多个相关部门和单位的共同努力下，BSAP 的编制工作获得成功。2014 年 7 月 17 日，海南省人民政府办公厅发布了《海南省生物多样性保护战略与行动计划（2014—2030 年）》（琼府办〔2014〕98 号）。

根据海南省的实际问题，海南 BSAP 突出了海洋和海岛生物多样性的保护以及海洋生物资源的可持续利用，提出了保护生物多样性与发展旅游的协调战略。在优先保护区域的划定中，特别强调了南海区域的生物多样性保护和中南部山区热带雨林及珍稀物种的保护，以及对当地黎族传统知识的保护。PBSAP 提出 8 个领域的 16 项优先行动和需要尽快实施的 29 个优先项目，包括对红树林、珊瑚礁、海草床等重要生态系统的保护，以及加强气候变化对珊瑚礁生态系统影响的研究等。

（3）推动吉林省 PBSAP 的编制

IS 项目支持吉林省编制 PBSAP，受到当地政府的热烈欢迎，2012 年 10 月在长春隆重召开了"吉林省生物多样性保护战略与行动计划编制项目"的项目启动会和项目签约仪式。环境保护部生态司、环境保护对外合作中心和吉林省环保厅的主要领导以及 UNDP 代表出席了项目启动会和签字仪式，吉林省生物多样性保护联席会议的 21 个成员单位负责人等 100 余人也参加了项目启动会和签约仪式。会上，吉林省政府副秘书长李来华亲自主持，由环境保护部环境保护对外合作中心与吉林省环保厅签署了《全球环境基金中国生物多样性 CBPF 框架 - 机构加强与能力建设优先项目——支持吉林省生物多样性保护战略与行动计划编制资助协议》，标志着吉林省生物多样性保护战略与行动计划编制工作正式启动。

同时，在吉林省政府的统一领导下，成立了由吉林省主管副省长为组长、省政府副秘书长和环保厅厅长为副组长、17 个相关部门副厅长为成员的生物多样性工作领导小组，建立了《战略与行动计划》编制办公室（挂靠在环保厅），设置了专题研究组、核心专家组和专家咨询委员会。

《吉林省生物多样性保护战略与行动计划（2011—2030 年）》已由吉林省政府批准发布。吉林 PBSAP 充分体现了本省的生物多样性特点和保护需求，根据空缺分析，确定了长白山区、松嫩平原区、松花江水系、图们江水系、鸭绿江水系为吉林省生物多样性保护的优先区域，进而提出了分属 6 个优先领域的 26 项优先行动和 60 个需要优先实施的项目。

（4）推动部门 NBSAP 制定的示范实践

NBSAP 在其优先行动 4 提出："将生物多样性保护纳入部门和区域规划"，并要求"林业、农业、建设、水利、海洋、中医药等生物资源相关管理部门制定本部门生物多样性保护战略与行动计划"。据此，IS 项目专门选择了质检和水利两个部门进行试点示范。

1）推动国家质量监督检验检疫总局（以下简称质检总局）NBSAP 的制定

NBSAP 将生物物种资源的出入境查验工作列为重点工作，在全部 30 项优先行动中有两项涉及进出境查验与检验，即优先行动 22（建立生物遗传资源出入境查验和检验体系）和优先行动 23（提高对外来入侵物种的早期预警、应急与监测能力）。质检总局也已加强了生物多样性保护工作，在动植司专门设立了物种资源监管处，负责生物物种资源的出入境检验检疫及管理工作。为实施 NBSAP，IS 项目委托中国检验科学研究院编制了《出入境检验检疫生物多样性保护行动方案（2013—2030 年）》。项目组在 NBSAP 框架下，根据出入境检验检疫部门自身责权范围，研究了出入境物种查验的制度、技术方法和标准以及能力建设计划和优先项目，完成了《出入境检验检疫生物多样性保护行动方案（2013—2030 年）》的编制工作，并在国家质检总局在与相关部门协商后报国务院批准发布。

质检总局 NBSAP 提出未来 20 年物种资源检验检疫工作总体目标、战略任务和优先行动。到 2020 年，初步建立全国性出入境生物物种资源检验检疫管理体制和协调机制，加强查验设施建设，建立专业队伍，提高查验能力，有效控制物种资源的流失；到 2030 年，形成我国完善的出入境物种资源检验检疫监管体系，建立系统和完善的查验制度和相关技术标准，完全控制物种资源的流失。质检总局 NBSAP 还提出 6 项优先行动，包括 20 个优先项目。这些行动和项目的实施，将有助于解决目前存在的关键技术问题，逐步建立和完善物种资源检验检疫制度和业务管理程序，有效开展物种资源检验检疫工作，以促进生物多样性保护和遗传资源的惠益共享。

2）推动水利部 NBSAP 的编制

2013—2014 年，水利部发展研究中心承担了"水利保护生物多样性战略与行动计划"的编制工作。经过资料收集和野外实地考察、初稿起草、研讨修改、部门内外广泛征求意见，形成《中国水利保护生物多样性战略与行动计划》，由水利部与其他相关部门协商后批准发布。水利 NBSAP 在结构上主要包括以下几个部分：

① 水利部门保护生物多样性的成效、面临问题和挑战。

② 水利 NBSAP 的指导思想、基本原则与战略目标。

③ 水利部门保护生物多样性的优先区域，包括对生物多样性重要的江河源头、河口三角洲、湖泊湿地、水土流失治理区以及生态系统保护与修复区共五大类别。

④ 水利部门保护生物多样性的优先领域与优先行动，提出 9 个领域 18 项优先行动。

⑤ 实施水利 NBSAP 的保障措施，包括机构设置、政策与制度建立、能力建设、资金投入、部门协调与合作等方面的措施。

选择国家质检总局和水利部这两个部门制定部门 NBSAP，促进了中央政府生物多样性相关部门的 NBSAP 编制，从而促进了生物多样性在部门规划中的主流化，特别是通过质检和水利部门的 NBSAP 示范，为那些与生物多样性关系较远、尚未主流化的部门提供了范例。

4. 启动国家公园体系研究

党的十八届三中全会通过的《关于全面深化改革若干重大问题的决定》中明确提出："严格按照主体功能区定位推动发展，建立国家公园体制"，但当时国内尚无相关的技术支撑。本项目紧跟国家改革方向，开展了国家公园体制的研究，总结了国外国家公园体制和管理经验，探索了国家公园分类体系，为我国自然保护区和其他生物多样性保护设施的体制改革提供了构想。

目前，我国已建立了各类自然保护地 12 种，主要类型包括自然保护区、风景名胜区、森林公园、地质公园、湿地公园、海洋特别保护区（含海洋公园）、水利风景区、矿山公园、天然林保护区、种质资源保护区、沙漠公园、国家公园（试点）等，总数已达 8 000 多处，其中，国家级的保护地达 2 900 余处。各类园区总面积约占陆地国土面积的 18%，对保护我国自然资源和生物多样性发挥了重要作用。但是，保护地类型多样，管理方式各异，对生物多样性保护形成不利。第一，各类型保护地由不同部门管理，由于多部门重复建立，各类保护地在同一区域可能在空间上交叉重叠；第二，因各管理部门制定了不同的管理制度、措施、标准和技术规范，造成了各类保护的管理措施混乱复杂。

项目针对以上问题进行了研究，根据国外国家公园管理经验和中国国情，完成了《国家公园国际发展历史及经验研究》和《中国国家公园分类体系研究》两个报告。主要成果概括为两点：

第一，全面系统地梳理了国外国家公园发展历史，重点总结出有益于我国国家公园体制建设的经验和教训。从 10 多个国家的国家公园体系及管理制度，总结出国外国家公园管理的基本经验：① 由政府的一个部门统一管理全国的国家公园；② 国家公园内的各类自然资源为国家所有，特别是土地所有权（包括租赁形式）；③ 国家公园管理人员的编制和工资纳入国家公务员体系；④ 国家公园的资金管理实行"收支两条线"，公园门票收入进入国库，公园管理的开支纳入国家财政预算。

第二，开展了国家公园分类体系研究，研究提出了适合我国国家公园相关保护地的分类体系，为决策者提供重要参考。根据生态系统完整性的原则，按照管理目标和功能定位，将中国已有自然保护地划分为五大类型，即严格保护区、特种及其栖息地保护区、生态功能保护区、国家公园和资源管理区，并针对不同保护地类别制定了相应的管理目标、功能定位、保护强度以及管理措施等。

三、成果 3：促进生物多样性在国家规划和计划中的主流化

此成果基于之前开展的优先区试点工作，实际示范生物多样性是如何被主流化到中国的社会 - 经济规划中的。通过一系列的倡议、培训，增强意识，形成方法学与导则和生物多样性主流化的工具以及优先区项目，生物多样性保护议题在社会 - 经济发展规划中的重要性得以提高。成果设计的目标是：从五个优先试点省区得到的关于生物多样性保护的经验教训进行推广；将生物多样性保护有效地纳入省级发展优先区规划中以及环境影响评价和战略环评中；在国家"十二五"规划中加入有关生物多样性保护及降低生物多样性受威胁因素的内容；建立公众参与机制，使主要政策决策者意识得到提高。具体成果如下：

1. 生物多样性保护纳入国家和地方生态保护规划

党的十八届三中全会通过的《关于全面深化改革若干重大问题的决定》将划定生态保护红线作为改革生态环境保护管理体制，推进生态文明制度建设中最重要、最优先的任务，明确要求"划定生态保护红线，建立国土空间开发保护制度"。2014 年新修订的《环境保护法》也明确规定"国家在重点生态功能区、生态环境敏感区和脆弱区等区域划定生态保护红线，实行严格保护"。然而，生态红线的划定与管理是一项开创性的工作，在划定原则、技术方法、具体实施及划定后的配套实施政策、管理措施、工作机制等方面都需要进行深入探讨和研究。

本活动在国家生态保护体系研究的基础上初步提出了国家生态保护体系格局：① 重要生态功能保护区保护体系，包括水源涵养功能区、全国重要土壤保持区以及全国防风固沙功能区，总面积达 548.48 万平方千米，占全国陆域总面积的 57.13%；② 生态脆弱区保护体系，包括水土流失脆弱区、土地沙化脆弱区、石漠化脆弱区和低温寒冻脆弱区 4 个生态脆弱类型，总面积为 219.5 万平方千米，占陆域国土面积的 22.86%；③ 生物多样性保护区保护体系，包括自然保护区、风景名胜区、森林公园等就地保护区域，总面积达 329.30 万平方千米，占国土总面积的 34.30%。

研究采用了以遥感与地面勘查相结合的方法，解析、识别生态保护红线实地分布范围，勘定了生态保护红线地理边界，查清了生态保护红线区域基本信息，提出了系统完善、具有可操作性的技术流程与操作规范，建立了省域生态红线边界核查技术标准，可以为各省生态保护红线落地提供实际可操作的技术支撑。相关成果已被纳入环境保护部文件《生态保护红线划定技术指南》（环发〔2015〕56 号）。

在此技术指南指导下，IS 项目在湖北、宁夏开展了生态红线试点研究：

湖北省是国家生态红线划定的示范省份。IS 项目的目标是在国家生态红线的总体要求下，建立辖区内重点生态功能区保护红线划定与落地的实施方案，并完成边界落地工作；同时研究制定适合辖区实际的重点生态功能区保护红线管控措施，提出重点生态功能区保护红线制度建设的对策建议。

根据生态红线国家方案，IS 项目选择在宁夏回族自治区开展"生物多样性保护红线省级试点边界落地与管控制度研究示范"，通过研究确定了生物多样性保护红线划定方案，并以宁夏生物多样性优先保护的四大区域为基础，在优先保护的四大区域里重点考虑自然保护区红线、风景名胜区红线、森林公园红线、地质公园红线、湿地红线等。

CBPF 框架项目通过在湖北省划定生态功能区生态红线保护和在宁夏回族自治区划定生物多样性集聚区生态红线保护的示范，为推动全国范围的生态红线划定工作提供了技术和政策的支持。

2. 生物多样性保护纳入国家和地方"十二五"国民经济和社会发展规划

《中华人民共和国国民经济和社会发展第十二个五年（2011—2015 年）规划纲要》在第 25 章（促进生态保护和修复）提出，坚持保护优先和自然修复为主，加大生态保护和建设力度，从源头上扭转生态环境恶化趋势。具体内容为：继续实施天然林资源保护工程，巩固和扩大退耕还林还草、退牧还草等成果，推进荒漠化、石漠化和水土流失综合治理，保护好林草植被和河湖、湿地。搞好森林草原管护，加强森林草原防火和病虫害防治，实施草原生态保护补偿奖励机制。强化自然保护区建设监管，提高管护水平。加强生物安全管理，加大生物物种资源保护和管理力度，有效防范物种资源丧失与流失，积极防止外来物种入侵。

IS 项目详细分析了 10 多个相关行业部门发展规划，对其涉及生物多样性保护主流化的情况进行了分级评估，结果表明：与生物多样性保护关系密切的部门，在其规划中较好地体现了生物多样性的主流化，如环境保护、林业和海洋等部门的"十二五"规划，对生物多样性保护提出量化目标，或有单章、单节专门论述生物多样性保护，有些甚至能从遗传、物种及生态系统三个层次规划生物多样性保护。而农业（包括畜牧和渔业）、水利、住建、科技等部门与生物多样性相近，在其规划中虽然没有专门涉及生物多样性保护，但提及生物多样性保护，并含有加强遗传资源和生态环境保护的内容。另一些部门，与生物多样性关系不大，如国土资源、旅游、扶贫等部门的规划未提及生物多样性，仅涉及生态环境。在此基础上，提出了在国家和地方制定"'十三五'国民经济与社会发展规划"时，充分考虑生物多样性保护在此规划中的主流化地位，并根据生物多样性保护的要求，详细列出"十三五"规划需要列入的详细内容：包括生态文明制度建设、国家公园等保护地体系、生物多样性纳入环境影响评价制度、生物多样性纳入国家减贫计划、生物多样性纳入可持续旅游规划等。同时提出生物多样性主流化的方法和工具，包括：生态系统方法（Ecosystem approach）、生物多样性与生态系统经济学（The economics of ecosystem and biodiversity，TEEB）等国际概念。这些建议提交环境保护部和其他相关部门，应用在国家和省级"十三五"规划的起草过程中。

IS 项目采取抽样法从全国抽出 11 个省（自治区）进行分析，收集、整理了 11 个省级"十二五"规划，分析其生物多样性融入情况。结果表明，生物多样性丰富的省份一般都比较重视生物多样性的保护；生物多样性丰富程度一般的省份，在其规划中虽没有对生物多样性保护做详尽描述，但都提到生物多样性；而生物多样性不太丰富的省份，虽多次提到生态和生态环境，但全文未提生物多样性。全国各省在其"十二五"规划中，对生物多样性有详尽描述的不到一半，这说明要使生物多样性保护内容成为地方各级政府规划的主流化内容，还需要一段时间和一定的过程。报告对如何在国家"十三五"规划中体现生物多样性保护提出了详细的建议。

3. 生物多样性保护纳入环境影响评价制度

为加强建设项目环境影响评价过程中对生物多样性影响的关注，项目研究了将生物多样性影响纳入现有的《建设项目环境影响评价技术规范》和《规划环境影响评价技术规范》，提出生物多样性评价的一般性原则、方法、内容及技术要求。项目完成了两个报告《建设项目生物多样性影响评价技术规范》和《规划环境影响评价中生物多样性影响评价技术要点》，提出将生物多样性纳入环评具体的方法、内容、步骤和指标体系，为现有建设项目环境影响评价和规划环境影响评价改革、进一步完善使用多年的"环境影响评价制度"提供支持。但真正成为绩效规范的内容还需要一段时间。

对于建设项目的环境影响评价，研究人员提出要从生物多样性的组成、结构与功能方面设置评价指标，并从景观格局、生态系统状况、生态系统的产品与服务、物种的组成与动态四个方面评价区域生物多样性现状。对于规划环境影响评价，研究人员提出 6 项重点评价内容：① 规划的生物多样性协调性分析；② 生物多样性现状调查与评价；③ 生物多样性影响识别和筛选；④ 生物多样性影响预测与评价；⑤ 不利生物多样性影响减缓措施；⑥ 评价结论与基于生物多样性保护的规划优化调整建议。

4. 企业参与生物多样性的机制及中国生物多样性伙伴框架的可持续发展

项目目标是：结合中国加入"企业与生物多样性全球伙伴关系"（Global Paternership for Business and Biodiversity），通过对不同利益相关方的了解和接触及 CBPF 框架项目可持续战略和行动方案的建立，将更多利益相关方纳入 CBPF 框架项目，确保 2017 年 CBPF 框架项目结束后伙伴关系的持续性。

项目成果主要有两个部分。第一，研究跨部门的不同利益相关方包括政府、非政府组织、社区组织、行业协会和科研机构当前参与和实施生物多样性保护的总体情况，了解各利益相关方的性质和特点、与生物多样性的关联性程度、参与动机的高低、相关激励机制和要求的多少、推动因素的有无、参与的风险与机会、需求与挑战、成本与效益的分析，以明确不同利益相关方参与生物多样性的做法、可能性和前景预测。第二，在上述成果的基础上，编制《中国生物多样性 CBPF 框架可持续发展战略和行动方案》，并在地方政府、本土 NGO、产业协会、社区组织和科研机构 5 个利益相关方中分别筛选合作伙伴作为项目今后进一步的试点。

5. 探索了生物多样性管理体制和机构的改革

CBPF 框架——IS 项目的最主要目标是加强生物多样性保护的机构能力，而中国在生物多样性管理体制和机构设置方面存在许多问题，原环境保护部人事与体制改革司也一直致力于全国环境保护机构的优化改革。为配合体制改革，CBPF 框架——IS 项目试图从生物多样性管理体制和机构改革入手，通过对某一地方试点示范，为机构改革积累经验。CBPF 框架——IS 项目组联合北京师范大学、环境保护部政研中心、青岛科技大学和新疆环保厅共同开展了强化地方环保局生物多样性管理体制改革试点方案研究工作，试点地方选取了新疆伊犁州、阿勒泰地区与乌鲁木齐市及所属的区县环保局，结合实际进行了行政管理体制的改革创新实践。

根据生物多样性的管控要求，项目系统调查了现有中央和地方层次政府在生物多样性保护管理方面存在的问题，提出"大部制"的机构改革思路，即将生物多样性管理的政府职能相对集中在一个部门，从而简化行政程序，实现保护行动的协调与统一。同时，通过在新疆选择大中小城市进行管理体制和机构改革，为中央和地方的"大部制"改革提供了示范，这对生物多样性保护长远目标的实现具有深远的影响。

四、成果 4：政府支持和基于市场的生态补偿机制得到重视

在此成果下，本项目主要基于正在开展的以及计划开展的生态补偿试点项目支持能力建设，促进生态补偿的重要性得到提升，尤其是使基于市场的生态补偿得到足够重视；同时，加强对生态保护导向的生态补偿的重视度。作为本项目的成绩之一，希望主要的国家机构，如财政部和全国人在常委会，能加强对生物多样性的理解，进而有力地促进生物多样性保护。主要内容包括：关于生态补偿的国家立法、编制生态补偿技术导则、成立生态补偿技术专家团队和试点示范国家支持和基于市场的生态补偿。具体成果如下：

1. 生态补偿案例研究为国家生态补偿立法提供了基础

项目探讨了中国生态补偿立法路线图，收集了全世界各国已开展的生态补偿实

践、相关的政策和制度体系，分析了国外的重要经验对中国正在进行的生态补偿国家立法的启示。本项目的研究人员在参与国家生态补偿立法工作时，直接将本项目的研究成果纳入了国家立法进程。

针对目前中国重点开展生态补偿试点的六个领域（流域、矿产资源、自然保护区、森林、草地和湿地）的立法和实践情况，分析了各自存在的问题，认为就总体而言，我国生态补偿在政策层面仍缺乏统一完整的生态补偿政策，地方和部门的色彩浓厚；政策制定过程缺乏利益相关者的充分参与，缺乏相对独立的政策执行机构，使决策者与执行者直接或间接地转化为利益相关者，导致政策效果受到影响；生态补偿政策的延续性与自我完善能力不足；在运行层面存在着产权缺失、市场缺失和补偿标准发展不合理的问题。项目对我国生态补偿立法的目标、原则、实施计划提出了相关建议，开展了生态补偿法制化问题的研究，提出生态补偿法律制度建设的路线图。预计近年先出台"生态补偿条例"，不断积累实施经验，到 2023 年能够出台"生态补偿法"。

本项目还设置了"地方生态补偿立法"的示范项目，并于 2012 年委托辽宁省环保厅承担，经过 3 年多时间的努力，已完成起草了《辽宁省流域水环境保护生态补偿管理办法（草案）》，包括基本原则、补偿主体、补偿对象、补偿标准、补偿途径与方式等，对推动全国地方的生态补偿立法具有深远影响。

项目还开展了基于生物多样性的生物补偿案例研究，基于生物多样性的生态补偿法律制度的构建应在保障生态环境和生物多样性得到保护这一目标实现的前提下建立，应加大地区生态补偿法律政策中生物多样性的关注程度，明确生物多样性生态补偿法律制度的各方主体，以法律推进地区生物多样性生态补偿方式、资金来源、补偿标准和额度。此外，研究认为也需建立基于生物多样性的生态补偿的经济制度、资金管理制度、管理制度、法律制度和社会制度等保障制度。

2. 开展了生态补偿技术导则与示范研究

（1）探讨了基于自然保护区的生态补偿机制

完成了《自然保护区生态补偿机制调查研究报告》；在此基础上，结合我国自然保护区建设管理基本情况，编写了《自然保护区生态补偿机制建议报告》；结合衡水湖自然保护区生态补偿案例调查分析，提出了《我国自然保护区生态补偿机制实施方案建议》。通过研究提出，自然保护区生态补偿实际包括四个层次的含义：一是对生态环境本身的补偿，二是利用经济手段对破坏生态环境的行为予以控制，三是对个人与区域保护生态环境或放弃发展机会的行为予以补偿，四是对具有重大生态价值的区域或对象进行保护性投入等。

（2）生态服务价值评估技术为实施生态补偿提供了技术支撑

CBPF框架——IS项目在注重生态补偿国家立法的同时，还重视《生态补偿技术导则》的制定。技术导则的内容包括生态补偿的方式、补偿的标准、管理机构的运转、制度体系的建立等。项目系统分析了国内外有关生态系统服务价值的研究。通过国内外方法的收集和特点分析，筛选出适合中国国情的生态服务价值评估方法体系，用于支持补偿标准的制定。这些方法和技术体系的研究将为生态补偿法规的实施提供技术支撑。完成了《生态系统服务价值研究现状综合评估报告》和《生态系统服务价值评估技术报告》。报告总结了关于生态系统服务价值评估的当前进展和未来趋势，介绍了生态系统服务价值评估的理论，以及分析了生态系统服务价值评估的方法和模型。

（3）开展了生态补偿的试点示范和案例研究

为了应用生态补偿法规和技术体系，本项目还设置了具体的试点和示范研究实例。项目引进了国际上"碳汇交易"的做法，以国家公园为试点，探索了基于市场的生态补偿激励机制。项目在浙江省仙居县进行了国家公园碳汇试点。2012年6月13日，国家发改委发布了《温室气体自愿减排交易管理暂行办法》。2014年3月，经环境保护部批准，浙江省开化县和仙居县被列为首批国家公园试点，其中仙居县主要侧重于管理体制优化整合方面的试点。本项目结合碳交易试点，以自愿碳减排交易方法学的原理，在仙居国家公园开展了"基于市场的生态补偿激励机制研究——仙居国家公园生物多样性碳汇补偿"的示范研究，以"碳汇"的市场交易方式，补偿国家公园在保护生物多样性方面的"碳汇"功能。

项目还选择国内不同的与水资源相关的生态功能服务进行了补偿示范的案例研究。研究围绕水生态补偿机制建设的核心目标，通过对国内外水生态补偿案例的研究分析，为推动地方乃至国家层面水生态补偿机制建设实践提供理论依据与实证。

五、成果5：生物多样性保护纳入气候变化适应政策和计划中

本成果基于许多合作伙伴正在开展的工作，同时对各项工作进行了协调；确保了由当前工作所产生的数据和结果能够让公众和决策者知情，提高了公众对于生物多样性应对气候变化的重视。在政府机构、研究机构和NGO之间建立了对话机制与论坛。利用对话机制和论坛，开发了工具将生物多样性纳入适应气候变化的进程中。成果包括生物多样性适应气候变化的国家部门与国际机构之间建立协调和信息分享机制，对气候变化对生物多样性的影响的理解得到提升，信息更加易于被生物多样性相关方、社区和公众获得。

1. 促进了部门间协调并开发了生物多样性应对气候变化的信息管理体系

保护生物多样性与适应气候变化是国际上两大热点，两者之间具有紧密的关系。国际上在《生物多样性公约》和《联合国气候变化框架公约》之间已经开展了协同增效的努力。

2007年6月，国务院发布的《中国应对气候变化国家方案》明确提出增强森林生态系统和其他自然生态系统适应气候变化的能力，为实施生物多样性适应气候变化的战略提供了方向。CBPF框架项目正是在《中国应对气候变化国家方案》的指引下，以《生物多样性公约》与《联合国气候变化框架公约》协同增效的理念，设计了以保护生物多样性而适应气候变化的项目内容。

项目完成了系统多个相关数据库数据衔接和生物多样性信息更新、数据归整和部分更新数据录入工作，初步构建了"省级跨部门生物多样性应对气候变化信息管理体系"，完成了《生物多样性应对气候变化信息管理体系开发与整合行动方案》，开展了产品制作和针对服务的信息管理体系架构、基于服务式GIS的资源跨部门共享、基于企业服务总线（WESB）实现服务平台的总体集成和基于安全可信的第三方API基础数据服务等多个关键技术的开发和实现，为国家将生物多样性纳入气候变化应对战略，并制定具体的协同增效政策措施提供基础。

2. 对已开展的相关研究进行了梳理

项目对全国从事生物多样性与气候变化关系研究的主要单位和主要研究领域进行了调查和信息收集，梳理了国内有关生物多样性保护与气候变化适应相关联的研究，总结了已开展的相关研究项目的经费来源、研究目标、研究内容与进展等，同时还对2000年以来国内开展的生物多样性与气候变化关系的研究项目进行了梳理，主要针对在我国境内实施的国家层面以及国际合作项目，其中国家层面项目包括科技部重大科学研究计划项目、国家重点基础研究发展计划（"973"计划）、国家自然科学基金项目、中国科学院知识创新工程项目；国际合作项目包括全球环境基金项目（GEF项目）、政府间双边合作项目、国际NGO组织（如TNC、WWF、CI等）项目。

调研的项目研究领域，以生物多样性适应气候变化为重点，同时针对已开展和完成的项目特点，对项目主要研究内容涉及生物多样性或生态系统适应与缓解气候变化，以及气候变化对生物多样性影响的项目也进行了重点调查，另外对涉及气候变化及生物多样性保护和管理能力建设的项目也进行了调查，以期尽可能全面地掌握国内气候变化与生物多样性研究项目现状。从项目起始时间来看，各类项目主要集中在2008—2012年，占项目总数的80%以上。仅2010年启动的全球气候变化研究国家重大科学研究计划项目共计19项，涉及的领域包括历史气候变化及其影响、气候变化影响因素及预估、气候变化下生态系统演化及碳源于汇等。

3. 促进了企业意识提升

针对中国在公众参与方面比较薄弱，IS 项目特别重视企业作为重要的利益相关方参与生物多样性伙伴关系的重要性。项目开展了广泛的企业意识调查，调查范围覆盖10 个行业近 400 个企业，分布在全国 31 个省（自治区、直辖市），共回收 3 092 份有效问卷，其中来自国有企业 851 份、民营企业 1 307 份、外资企业 511 份、混合所有制企业 121 份、其他类型企业 302 份。调查结果显示，企业对于生物多样性保护及应对气候变化的意识较弱，企业参与生物多样性保护的责任感普遍较低。这种意识和责任感偏低的主要原因是宣传不足；如果通过宣传和培训，正确引导，企业参与生物多样性保护和应对气候变化的意识将会大大提高。

项目结合企业需求与项目要求，开展了 4 种形式的企业培训活动，即针对不同企业的定制培训、配合企业正常活动的培训、专题论坛研讨、企业走访座谈。项目期培训企业数量达 320 家，其中大型企业约 150 家、中小企业约 170 家。行业覆盖了TEEB 11 个行业中的 8 个行业，涉及 10 000 多个企业职工。

此外，通过项目成果的推广应用，项目利用参与制定企业社会责任国家标准的机会，积极推动将生物多样性保护纳入此类国家标准。在国家质量监督检验检疫总局和国家标准化管理委员会 2015 年 6 月 2 日联合发布的《社会责任指南》（GB/T 36000—2015）、《社会责任绩效分类指引》（GB/T 36002—2015）中，纳入了生物多样性内容，为推动建立企业和公众参与机制作出了重大贡献。

4. 开展了能力建设社区试点

项目通过问卷调查，了解地方社区对生物多样性保护的意识。在全国 8 个生物多样性保护优先区范围内选择部分自然保护区周边社区，开展气候变化对社区与优先物种影响的经验总结、示范性研究与宣教公益活动，为地方政府探索优先区管理，尤其是在社区公众参与意识提升等方面提供实践经验、示范指南和宣传指引，支持优先区内涉及优先物种的社区管理及其长效机制逐步规范化。

5. 揭示了行业行为与适应气候变化的关系

项目通过综合性研究揭示了行业发展与生物多样性保护的关系、行业发展与减缓气候变化的关系以及行业发展通过保护生物多样性和增加生态服务功能而适应气候变化，并且通过成本／效益的分析，评估行业发展对保护生物多样性，进而适应／减缓气候变化的经济价值。经过科学合理的行业筛选，确定水电行业为此次研究的试点行业，对生物多样性适应气候变化的方式与成本／效益评估方法进行深入研究。

以三峡水电站为例，项目评估了该电站因利用水资源发电而减少了二氧化碳的排放；以成本／效益方法评估了三峡水电站利用水库蓄水调节而增加下游湿地生态系统服务功能的价值，进而评估了通过保护生物多样性和增加生态系统服务功能而进一步适应气候变化的价值。这项评估工作印证了各行业与生物多样性保护及应对气候变化的紧密关系，增强了各个行业对保护生物多样性和应对气候变化的自信心和责任感。

第三节　项目影响

一、项目对全球的影响

NBSAP 的目标是通过战略途径促进 CBD 的有效履行，包括共同的愿景、共同的使命和战略目标（"爱知生物多样性目标"）。这将促进所有各方以及各利益相关方的广泛参与。CBPF 框架项目可以贡献于 NBSAP，以及"爱知生物多样性目标"中战略目标 A、C、E 项的实现（战略目标 A：通过政府部门和全社会推进生物多样性主流化来解决生物多样性丧失的内因，战略目标 C：通过保护生态系统、物种和遗传多样性来提高生物多样性的现状，战略目标 E：通过参与式的规划、知识管理和能力建设来促进履约）。CBPF 框架项目得到了 CBD 秘书处的高度重视。CBD 秘书处参加了 2014 年的"国际生物多样性日"活动，以及"南南合作研讨会"，这对区域生物多样性保护产生了重要影响。

二、项目对国家及地方政策制定的影响

CBPF 框架——IS 项目的成果包括开发了一系列的机制：生态补偿、战略环评、执行 NBSAP。作为政策与技术工具，这些成果将直接为中央政府和地方政府在生物多样性保护方面的立法工作、政策与管理小法制定提供建议。项目加强了将生物多样性主流化到国家计划的影响。CBPF 框架——IS 项目为国家经济和社会发展的"十三五"规划的起草提供很多建议；项目一些成果已用于党的十八届三中全会决定及其他中央文件有关生态文明制度建设的章节内容；一些成果已用于国务院发布的有关生态补偿制度的文件和实施计划；更多的成果已用于环境保护部等部委的"十三五"规划以及生态红线划定等相关文件和实施计划。

CBPF 框架——IS 项目设计了一系列的示范项目或案例，如支持了广西壮族自治区、海南省和吉林省编制本省区的《生物多样性保护战略与行动计划》；支持湖北省和宁夏回族自治区两省区划定本省区的生态红线；支持辽宁省开发本省生态补偿规范。因此项目对立法以及地方政策制定方面具有重要影响。

三、项目对社会和公众参与的影响

CBPF 框架——IS 项目引入了"碳交易"市场机制，体现生物多样性在气候变化适应方面的价值，是具有示范意义的做法。该项目也将企业引入生物多样性与气候变化适应的活动中，使企业界认识到其对于保护生物多样性的责任重大，这将在全社会中促进公众参与机制的建立。此外，CBPF 框架项目网站也对社会和公众宣传起到了重要作用。

此外，CBPF 框架项目设计方面有独创性。随着项目在中国的成功，GEF 已经在全球其他国家推广了这类伞形规划项目。这将对今后的 GEF 项目产生深远影响。

第四节　项目的可持续性与可复制性

一、可持续性

CBPF 框架项目建立的伙伴关系将是一个长远的机制，在项目结束后仍然可以协调各利益相关方参与生物多样性保护。CBPF 框架项目涉及社会各界的利益相关方，随着国家对生态文明制度建设的重视，生物多样性伙伴关系的成员单位也将进一步扩大，将在政府部门、学术界、非政府组织、行业协会和地方社区等各个团体吸收更多伙伴关系成员，通过培训和项目活动的开展，可持续地促进生物多样性保护。

生物多样性纳入国家"十三五"规划将推动生物多样性保护的长期国策的形成。生物多样性保护已纳入国家"十二五"规划纲要，随着生态文明制度建设的需要，生物多样性保护在国家"十三五"规划纲要中得到了更多更好的体现。因此，本项目的成果和理念将得到可持续的应用和发展。

各项新的政策和法规制度的实施具有可持续性。本项目对建立生态补偿法规制度、建立生物多样性影响评价制度、建立生态红线的技术规程、建立国家公园体制等提出了若干可行、建设性的内容，实施方案和政策建设，随着这些政策、制度和技术规程的实施，项目的成果将产生持久的效益。

本项目开辟了中国规划型项目的先河，将对今后中国项目的设计产生深远的影响。CBPF 框架项目作为第一个伞形项目计划（program），在总体设计上具有整体性（integration），在规划方法上具有创新性（innovation），在成果的应用上具有可转化性（transformation）。因此，CBPF 框架型项目的成功经验将会在中国得到持久的推广和应用。

二、可复制性（推广潜力）

项目理念和成果已在全球得到推广。CBPF 框架项目作为 GEF 的第一个规划型项目，设计理念已应用在其他的 GEF 项目中。项目作为行动框架，对中国的"生物多样性保护重大工程"产生了影响。

国家层次的政策和制度改革可在地方政府推广实施。CBPF 框架项目在国家层次上提出许多政策、法规、制度和技术规范，这些成果也可以在地方层次推广应用，包括省级、市级和县级。中国是一个大国，在地方层次的推广应用潜力巨大。地方示范的成功经验可在更多地方推广。IS 项目在至少 6 个省份进行了不同内容的示范，包括生态补偿、生态红线、生物多样性战略与行动计划等。在这些省份示范的成果已经或者将用于中国更多的省份，也可以进一步在市和县的层次推广应用。例如，CBPF 框架项目在广西、海南和吉林实施的 BSAP 示范成果，已经应用到全国各个省份。

企业意识和责任可在全社会推广。IS 项目重点关注了企业参与生物多样性保护，在企业意识的提高和责任的承诺方面取得了重大进展。企业获得的成果也可以推广到全社会各个生物多样性利益相关方，包括地方政府、非政府组织、高校与科研院所、地方社区等，这也是 CBPF 框架项目后续工作的重点。

第五节　项目经验总结

一、建立高层协调机制，确保了项目的顺利实施

CBPF 框架项目利用原环境保护部在全国生物多样性保护工作中的牵头地位及协作机制，建立了以中国生物多样性保护国家委员会、生物物种资源保护部际联席会议和履行《生物多样性公约》工作协调组这三大机制为基础的项目协调机制，这种高层的协调机制确保了项目的成功实施和项目内容的延续。

二、建立了沟通与共享平台，加强了 CBPF 框架下各项目之间的联系

CBPF 框架项目作为一个伞形规划项目，需要建立各个项目之间强力的沟通交流机制，而 IS 项目承担了建立这种沟通平台和共享机制的责任。通过举办 3 次大型沟通交流会议、对 9 个项目的中期评估、建立监测评估指标体系、建立 CBPF 框架项目网站以及后期的成果汇编和绩效评估，整体上推动了各项目之间的交流和项目成果的共享。

三、注重改革创新，项目内容与时俱进

IS 项目内容紧密结合了中国政府的重点领域，2013 年发布的《关于全面深化改革若干重大问题的决定》提出生态文明制度建设，包括生态红线、生态补偿和国家公园体制改革等新的工作重点。根据这些新的变化，IS 项目能够与时俱进，注重创新，及时对项目活动内容做了相应调整，如将原有的主体功能区内容改为生态红线，并且为国家"十三五"规划的制定提供了机制探索和示范。

四、注重成果实用性，将 NBSAP 实施作为项目重点

中国国务院于 2010 年 9 月批准实施 NBSAP，作为今后 20 年生物多样性保护工作的蓝图。IS 项目的内容支持了 NBSAP 的实施，涉及了 NBSAP10 个优先领域中的 6 个领域，包括生物多样性保护的法规政策体系、规划、评估与监测、就地保护、应对气候变化和公众参与，特别是支持了其优先行动 30（推动建立生物多样性保护伙伴关系）的具体实施。

五、实现相关公约协同增效，将生物多样性保护与应对气候变化结合起来

《生物多样性公约》和《联合国气候变化框架公约》是 1992 年联合国环境与发展大会最重要的成果。20 多年来，生物多样性保护和气候变化也一直是全球环境保护的热点和焦点问题，这两个领域的协同增效也一直是国际国内关注的问题。而 IS 项目的内容之一就是推进将生物多样性纳入国家应对气候变化的方案，并为此设置了多个小项目，实现了对两大热点的协同增效。

六、注重地方示范，扩大示范效果

IS 项目注重地方示范，在省级 BSAP 的编制、生态红线划定技术规程、生态补偿立法等方面都建立了地方示范项目，并取得良好的效果，IS 项目成果已经或者正在为更多的省份以及省以下的市、县地方机构提供经验与教训，为在中国广大地区实施更大规模的推广提供示范。

七、以企业责任为先导，促进全面的公众参与

公众参与是生物多样性保护的关键，但在中国一直是一个薄弱环节。本项目通过提高企业对生物多样性保护的意识，将生物多样性纳入企业责任。本项目做了极好的探索，为建立全面的公众参与机制提供了经验和示范。

八、为中国和全世界的 GEF 规划型项目的设计和实施提供了经验

CBPF 框架项目作为 GEF 大型规划型项目是一次成功的探索，目前和今后，在中国乃至全世界，规划型项目将越来越多，特别需要示范经验，而本项目的实施过程、成功与不足，都给其他规划型项目的设计和实施提供了指导和参考。

（刘艳青 高 磊 陆轶青）

第二章　国家层面生物多样性协调机制

第一节　CBPF 框架项目绩效评估

项目名称： CBPF 框架项目绩效评估报告

一、背景

1. 意义

为统一规划、有序管理、合理协调中国生物多样性资源的保护与可持续利用，中国政府于 2007 年 11 月向全球环境基金（GEF）理事会正式提交了"中国生物多样性伙伴关系和行动框架（2007—2017 年）"，旨在"显著降低生物多样性丧失率，为中国的可持续发展作出贡献"。该框架下共设五大专题、27 项（预期）成果。为实施"伙伴关系框架"中专题一（提高生物多样性管理水平）和专题二（生物多样性在规划和政策制定中的主流化）的相关重点内容，财政部、环境保护部和联合国开发计划署在"中国生物多样性 CBPF 框架"下设计开发了"机构加强与能力建设优先项目"（以下简称 IS 项目）。

根据 IS 项目工作计划安排，开展了实施"中国生物多样性 CBPF 框架监测、评估与报告研究"，通过对伙伴关系框架下的 9 个项目开展调研评估，评估了中国生物多样性伙伴关系框架相关性、效率、效果、可持续性及框架（预期）结果、任务完成情况，以加强 9 个子项目之间的相互了解，增强子项目之间的协调和管理，提高总项目的整体性和协调性，获取更多和更好成果，实现整个 CBPF 项目的目标。

2. 目标

（1）活动目标

① 设计、开发 CBPF 框架项目绩效评估指标体系及评估方法。

② 评估 CBPF 框架项目的相关性、效率、效果和可持续性等要素。

③ 评估 CBPF 框架项目的（预期）结果、任务完成情况。

④ 为 CBPF 框架项目的高效运行提供技术和方法支持。

（2）活动产出

产出1：CBPF框架项目绩效评估报告包括以下要素：① CBPF框架项目绩效评估指标体系；② CBPF框架项目绩效评估方法；③ CBPF框架项目绩效评估报告框架；④ CBPF框架项目绩效评估报告。

产出2：CBPF框架项目绩效评估培训材料：① 绩效评价相关政策及要求解读；② 绩效评价方法学讲解；③ 绩效评价工作流程及要求；④ 绩效评价国际经验分享。

3. 任务内容

① 了解研究CBPF框架项目，与IS项目办沟通，确定需求，形成活动实施方案或技术路线。

② 收集、分析、整理CBPF框架项目文件、生物多样性领域相关政策等资料，了解目标、组成、投入、活动、产出、成果、影响等各阶段、各层次的信息，确定CBPF框架项目核心利益相关方。

③ 走访、调研核心利益相关方，收集、分析利益相关方对绩效评估的意见。

④ 综合以上信息，制定CBPF框架项目绩效评估方法，设计CBPF框架项目绩效评估一、二、三级指标，形成CBPF框架项目绩效评估指标体系和报告框架。

⑤ 使用制定的指标体系和评估方法，对CBPF框架项目目标、产出、（预期）结果和各项任务的实现情况进行分析，对指标体系各项指标和评估方法的操作进行校验、调整、完善，并针对框架的组成、运行机制、存在的问题等提出建议。

⑥ 根据活动5中的评估结果，采用已设计的报告框架，形成CBPF框架项目绩效评估报告。

⑦ 组织专家对CBPF框架项目绩效评估指标体系、评估方法、报告框架（初稿）进行研讨。

⑧ 根据专家意见对以上各项产出进行调整、完善，形成CBPF框架项目绩效评估报告（终稿）。

⑨ 根据以上信息，编制CBPF框架项目绩效评估相关宣传或培训材料。

⑩ 验收提交产出，并对相关人员进行培训。

4. 实施及完成时间

项目实施及完成时间：2014年12月—2015年12月。

二、开展的主要活动和取得的成果

1. 绩效评价指标体系与评价过程

本项目绩效评价工作依据《国际金融组织贷款赠款项目绩效评价管理办法》，结合项目管理的有关要求，参照财政部《国际金融组织贷款项目绩效评价操作指南》进行。评价的主要内容包括：相关性（政策符合性）、效率（资源投入转化为结果的经济性）、效果（项目目标实现程度）、可持续性（项目成果持续发挥作用的可能性）。通过分析项目实施中存在的问题，总结项目取得的经验，为后续项目的实施提出有关建议。

本项目绩效评价中采用资料分析、电话调研、个别及小组访谈等方法，对相关资料、数据、观点等证据开展了系统的收集、整理、审核和分析工作，以此为基础，对评价指标逐一进行了评判；采用评价小组集体评议的方式对各项评价指标进行了评议和逐级汇总，得出了本项目各分项及综合绩效分析和评价结果，并编写完成了项目绩效评价报告。

2. 评价结论及绩效分析

（1）CBPF 框架项目包含的子项目

① 四川汶川地震灾区恢复与重建中生物多样性保护应急对策项目（以下简称地震项目）。

② 淮河源生物多样性保护与可持续利用项目（以下简称淮河源项目）。

③ 甘肃省自然保护区管理与保护建设——促进全球重要生物多样性保护项目（以下简称甘肃项目）。

④ 机构加强与能力建设优先项目（以下简称 IS 项目）。

⑤ 加强中国青海保护区体系管理有效性项目（以下简称青海项目）。

⑥ 江苏盐城湿地保护项目（以下简称盐城项目）。

⑦ 陕西秦岭生态系统综合开发项目（以下简称秦岭项目）。

⑧ 白洋淀流域生态建设与环境综合治理项目（以下简称白洋淀项目）。

⑨ 河口生物多样性保护区网络建设示范项目（以下简称河口项目）。

（2）评估结果

在实际评价过程中，由于白洋淀项目、河口项目执行单位的时间及相关原因，未能开展实际调研工作，无法了解项目执行情况，也未能收集到成果产出等文件资料，盐城项目虽然开展了项目实际调研，但也未能收集到有效的项目文件资料。因此，这些项目的效率、效果、可持续性的评价无证据来源，不具备评价条件，但并不影响相关性的评价。

1）相关性

各项目在设计时，项目目标、活动与中国生物多样性保护政策高度相符，与当时GEF 对中国生物多样性保护援助战略高度相符；在评价时，各项目目标、活动与当前中国生物多样性保护政策高度相符，与 GEF 对中国生物多样性保护援助战略高度相符；在设计时，项目活动与中国生物多样性保护的实际问题和需求高度相符。

同时，9 个伙伴关系框架项目的设计均表现出与伙伴关系框架下各专题和结果的高度相关，各项目之间同时具有较高的协同性，每项专题结果可得到 2～8 个项目的共同支持，尤其是甘肃项目设计涉及 4 个专题的 9 个结果。

2）效率

经过评估发现，已完成的地震项目、淮河源项目，项目资金均及时到位，均按照项目的资金预算计划执行，资金执行率分别为 91.27%、93.18%，然而甘肃项目虽然已完成，但资金使用没有结束，无法统计资金执行率。正在执行的 IS 项目、青海项目均按照项目计划的资金预算执行，保证了项目资金使用与预算的一致性。同时，地震项目、淮河源项目、甘肃项目、青海项目均通过有效地开展各项活动，实现了项目设计的预期成果产出。

但在实际调研中发现，盐城项目的 GEF 资金虽然已经拨付到位，并未按照计划投入使用，这严重影响了执行进展。经过资料分析，项目开工延期是伙伴关系框架项目普遍存在的情况。9 个伙伴关系框架项目开工时间均不同程度延期，延期的原因包括项目资金未及时到位、项目组织协调不利、管理效率差、贷款和采购延误等。然而，开工延期并不是影响项目执行力的主要原因，未按照项目计划及时开展项目活动，才是导致项目执行力不强的主要原因。

3）效果

已完成的地震项目、淮河源项目、甘肃项目均按照项目设计完成了预期成果，形成了相应的产出，实现了项目的设定目标，并通过了第三方独立评估小组的项目终期评估，评估结果均为"满意"。期间，正在执行的 IS 项目、青海项目，也按照项目执行计划，完成了项目的阶段性成果产出，通过了第三方独立评估小组的项目中期评估，评估结果均为"满意"，评估小组相信在后续项目执行过程中，此两个项目均能完成项目预期的全部成果，实现项目目标，通过项目终期评估。盐城项目的基础建设部分已初具成效，也正在积极筹备 GEF 资金的使用计划，在后期项目执行中，也会完成各项成果产出，实现项目目标。

4）可持续性

伙伴关系框架开发完全符合 GEF 对中国生物多样性保护的援助战略，高度符合我国生物多样性保护政策，与中国生物多样性保护的实际问题和需求高度相符。同时，通过对伙伴关系框架的完善，使之与中国现有及未来发展战略充分结合，并不断开发新的伙伴关系框架项目，扩大充实利益相关方的伙伴成员，伙伴关系框架将会继续助力中国的生物多样性保护。因此，伙伴关系框架的可持续性为"高度可持续"。

已完成的地震项目、淮河源项目、甘肃项目，在项目结束后，均设置了项目管理机构，将项目内容纳入有关部门日常工作中，保证了项目持续发挥作用的可能性；同时，已形成的成果产出（如法规、政策、制度等）也会在后续的生物多样性保护工作中持续发挥作用。IS 项目、青海项目的中期评估结果显示，已形成的成果产出及其后续的项目实施依然具有极大的可持续性。

三、成果评价

（1）成果的主要亮点或创新点

本项目的实施，收集了大量的 CBPF 框架下 9 个实施项目的资料及相关成果，更加深入了解了各项目的实施进展及其取得成果，促进了各项目之间的联系。同时，对 CBPF 框架项目的绩效评估，可以从相关性、效率、效果、可持续性等方面了解框架执行过程中遇到的问题，认识项目成果的价值。

本项目收集、分析、整理 CBPF 框架项目文件、生物多样性领域相关政策等资料，了解各子项目的目标、组成、投入、活动、产出、成果、影响等各阶段、各层次的信息。这些资料的收集汇总，可以为后续的 CBPF 框架项目的项目管理提供更加系统详尽的基础资料，为未来其他项目的执行提供经验和成果共享。

通过实地走访、调研，加深了各子项目间的信息互动交流，更加直接地听取了各利益相关方对 CBPF 框架项目的建议和意见，为日后的项目申报、执行提供更多的借鉴。

在开展 CBPF 框架项目的绩效评估中，开发了完整的绩效评估指标体系和评估方法，形成了系统的绩效评估工作流程，编制了绩效评估培训材料。这些成果可以直接应用在后续项目管理中，为项目的执行监测、自评估等提供技术支持。同时，对 CBPF 框架项目的绩效评估工作，便于深入了解 CBPF 框架项目的整体进展情况，发现项目实施过程中的问题，为伙伴关系框架的进一步完善提供了基础资料。

（2）获得的经验

① 各级领导高度重视、协调有力是项目成功的关键。从地震项目、淮河源项目、甘肃项目、IS 项目、青海项目的顺利实施看出，各级领导的高度重视和大力支持是项目成功的重要因素。从项目设计到组织实施需要包括中央政府相关部门、国际机构、地方政府、科研院所、非政府组织以及相关部门的紧密配合，并有力协调各参与单位与人员，使得项目配套资金得以落实、项目活动有序开展，保证项目的顺利实施。

② 对生物多样性的关注度和认知度的提高是项目成功的前提。伙伴关系框架及其框架下各项目的开发设计，都需要相关部门及科研院所专家的积极参与。项目实施期间，项目实施人员克服大量困难，进行大量野外调查和实地培训，地方政府部门积极配合，基层群众积极参与项目建设和实施，这都体现出对生物多样性保护

工作的高度关注和认知。对生物多样性保护重要性的认识和保护意识的提高是本项目在短时间内顺利完成的前提保障，也是将来生物多样性保护工作需要继续努力的方向。

③ 项目内容设计合理、项目办精心组织和科学管理是项目成功的保障。地震项目、淮河源项目、甘肃项目、IS项目、青海项目均制定了具体完成所有项目内容的详细任务指标，使得项目的实施具有很强的可操作性，项目活动有条不紊、有效推进。项目办制定项目管理办法，使项目管理科学化、程序化，确保与上级管理部门、项目协调领导小组、办公室的沟通与联系，协调各分包任务单位间的任务衔接、资料共享，以及与项目区所在地地方政府部门、社区的联系等保障了各种活动顺利开展。

尤其是淮河源项目，中期评估结果为"基本不满意"，在面临项目要被取消的情况下，信阳市人民政府及市环保局重新组建项目实施机构，聘请国内一流专家，重新设计项目内容，重启实施项目。经过不懈的努力、精心的组织和科学的管理，终于顺利完成项目，并通过项目终期评估，扭转了"基本不满意"中期评估结果，最终达到"满意"的喜人结果，该项目实施经验值得在伙伴关系框架内推广，同样可以在国际进行推广。

（3）不足和教训

① 应建立独立的伙伴关系框架执行管理机构。伙伴关系框架的开发，符合中国生物多样性保护现状，遵循GEF等国际组织的生物多样性保护战略，对中国生物多样性保护面临的问题进行了系统合理的分析，并制定了5大主题、27项结果。但是，就是这样一个重大战略，却没有建立独立的执行机构，对伙伴关系框架的实施进行跟踪、监测、评估，使得伙伴关系框架下的9个项目，在实施过程中互相交流不够，经验教训得不到及时沟通交流。

在执行IS项目的过程中，原环境保护部环境保护对外合作中心（以下简称对外合作中心）多次组织实施了伙伴关系框架培训交流活动，增强伙伴关系框架的影响力。同时，对外合作中心是伙伴关系框架的牵头设计单位，并且是生物多样性保护的国家履约机构之一，多年从事生物多样性保护的国际项目执行，均参与了现有的伙伴关系框架下的IS项目、地震项目、淮河源项目等项目的开发、设计、执行，具备丰富的项目组织管理经验，如将伙伴关系框架的执行机构设在该单位，能够更好地保证伙伴关系框架下各项目的顺利实施和有效监控。

② 加强项目成果应用推广。纵观伙伴关系框架下各项目的执行，所有项目在实施过程中更多关注了项目任务的完成，对项目成果的应用推广重视不够，缺乏对项目成果被采纳情况和产生的影响方面的跟踪调查，项目成果转化滞后。对于已完成或在执

行项目，都应该更加注重项目成果应用推广，不仅要在伙伴关系框架内的项目之间进行推广应用，更要将经验教训、成果应用借鉴给其他国际机构的项目和后续的新项目中，这样才能扩大伙伴关系框架的影响，实现相关利益最大化。

③ 全面预测项目风险，提高执行效率。在评价过程中，部分项目在项目设计阶段并没有全面充分的预测项目风险，导致项目实施的滞后，影响了项目的执行效率和效果。在淮河源项目中，项目设计时，并没有充分认识到非政府组织（NGO）作为项目执行机构的风险，由于该项目的执行需要大量地方政府的支持和配合，但是非政府组织并不能协调政府部门以及地方资源，导致了项目在中期评估时没有取得实质性的进展，评估结果为"基本不满意"。在项目暂停阶段，正是因为信阳市政府的介入，重新组建项目执行机构和专家团队，将其设在信阳市环保局，并由信阳市政府统一领导，保证了项目重启后的顺利实施，并成功扭转了项目的执行结果。

在地震项目和盐城项目中，存在大量的采购和工程施工活动，按照国内和国际管理要求，需要进行大量公开招标工作。虽然公开招标可以提高竞争力和择优率，但公开招标由于投标人众多，耗时较长，花费的成本较大，很难在较短时间内完成，特别是对于地震项目的应急任务，建议考虑采用灵活的招标方式，如邀请招标，不宜采用公开招标的方式；另外对于标底较小的采购，如项目中某些经费很少的任务，以及一些专业性较强的工作，由于有资格承接的潜在投标人较少，也会影响项目执行效率，如采用邀请招标的形式，则会大大提高项目执行效率。

④ 在本项目的实施过程中，发现各子项目的实施进展参差不齐，部分子项目的人员变动也较大，使前期的沟通并不顺畅，项目的实施会出现反复和进展缓慢的情况。另外，需要提高国际项目财务管理能力。项目管理人员在国际项目财务管理方面经验还较欠缺，需要专门培训。

（4）建议

① 本项目的实施虽然在 CBPF 框架项目的绩效评估上获得了大量资料，完成了评估工作，但是，仍需对各子项目进行深入的研究，为日后的项目管理提供更多的借鉴，也可为新一期 GEF 项目的申报及执行提供经验。

② 本项目的研究开展受到人员的沟通和资料收集的影响，建议在后续项目管理中，应加强项目的档案资料管理，规避人员变动给项目的资料完整性带来的风险。

第二节　CBPF 框架项目评估

项目名称： CBPF 框架下全球环境基金项目评估研究

一、背景

1. 意义

CBPF 框架项目，旨在以全球环境基金（GEF）为推动力，构建中国生物多样性伙伴关系，整合中国整体优势，制定生物多样性保护战略，实现全国生物多样性保护的统一行动。

自 2007 年 CBPF 框架项目实施以来，在 GEF-4 期间中国获得 GEF 支持的项目有 9 个，累计项目资金为 3 094 万美元。每个项目都是一个独立执行项目，同时又被纳入 CBPF 框架下，成为该框架项目的一个组成部分，共同服务于 CBPF 框架的 5 大专题 27 项相关成果。但是，目前这些项目缺乏在 CBPF 框架下的沟通与协同性，项目管理部门不了解各项目执行情况及对 CBPF 框架的作用，项目实施单位对如何服务于 CBPF 框架、如何与其他 CBPF 项目沟通合作形成合力也不清楚。因此，有必要对这些项目活动和执行情况等进行评估，分析各项目对 CBPF 框架专题和成果的作用，总结各项目执行的经验和教训，并为 GEF-5 期间项目规划和项目监测管理提供政策建议。

2. 目标

通过对 CBPF 框架项目下主要项目执行情况与成效调研，分析各项目是否符合 CBPF 框架项目要求及其协同性，分析全球环境基金发挥资金催化作用的方法及效果，并结合这两个方面要求，就开发 GEF-CBPF 项目监测评估框架、进而完善 CBPF 框架项目战略结果框架提出建议。

3. 任务内容

① 对照 CBPF 框架项目中结果框架和项目实际执行情况，开展资料搜集和走访调研，进行案例分析和比较研究。

② 研究评估项目在推动 CBPF 框架项目中的具体作用、协同效能及其是否符合 CBPF 结果框架要求。

③ 分析评估项目执行中 GEF 资金发挥催化作用的方法、经验与效果。

④ 基于 CBPF 整体协同性和 GEF 融资催化效果的"GEF-CBPF 项目监测与评价框架"建议，以及基于现有项目执行效果的 GEF-5、GEF-6 期间 GEF-CBPF 项目规划框架建议。

4. 实施及完成时间

该项目实施周期为一年。

2012 年 1—2 月：完成 CBPF 框架项目评估方法和评价指标体系构建。

2012 年 3—6 月：完成 CBPF 框架项目资料收集、问卷调研、专家咨询及现场调研。

2012 年 7—9 月：完成 CBPF 框架项目评估数据处理和资料分析。

2012 年 11 月：完成 CBPF 框架项目评估报告，完成中期评审。

2012 年 12 月：召开专家评审会，项目结题。

二、开展的主要活动和取得的成果

1. 活动 1"CBPF 框架项目成效调研报告"的主要工作和取得的成果

根据评估任务大纲要求，并参考《国际金融组织贷款项目绩效评价操作指南》和《中国 GEF 项目绩效评价试点案例研究》，本次评估设计了 3 个评价准则，即关联性评估、执行力评估和成效评估。在关联性评估中下设 2 个一级评价指标、7 个二级评价指标，在执行力评估中下设 4 个一级评价指标、8 个二级评价指标，在成效评估中下设 2 个一级评价指标、2 个二级评价指标。应用构建的评价指标体系，对 CBPF 框架项目下的 9 个 GEF 项目关联性、执行力和成效进行了评估。

关联性主要表现在项目设计是否针对 GEF 战略目标、CBPF 框架项目专题和结果（针对性），项目设计与其他战略和规划的关联性，以及与 CBPF 框架项目下其他项目的协同性等方面。经过评估发现，CBPF 框架项目中的 9 个项目设计均表现出与 CBPF 框架项目专题和结果的高度相关，各项目之间同时具有较高的协同性，每项专题结果可得到 2 ~ 8 个项目的共同支持，由于甘肃省自然保护区管理与保护建设——促进全球重要生物多样性保护项目设计涉及 4 个专题的 9 个结果，因此其与其他项目之间的协同性最高。

执行力评价主要包括对四个方面的内容进行评价，即项目是否按计划的时间周期开展设计的各项活动、项目是否实现了实施计划规定的所有预期产出、项目管理能否满足项目有效和顺利实施、项目是否按计划落实并使用各项资金预算。经过评估发现，甘肃项目、灾害多发地自然保护区的灾后管理项目和 IS 项目执行力强，而秦岭项目、河口项目和青海项目、盐城项目执行力不强。项目开工延期是 CBPF 框架项目普遍存在的情况，9 个子项目开工时间均存在一定的延期，延期的原因包括项目资金未及时到位、项目组织协调不利、管理效率差、贷款和采购延误等原因。然而，开工延期并不是影响项目执行力的主要原因，项目活动没有按照既定计划及时开展是导致项目执行力不强的主要原因。

成效评价主要包括对两个方面的内容进行评价，即项目的资金催化效应（杠杆作用）如何、预期项目完工时能否实现计划目标。经过评估发现，除了已经完成的灾害多发地自然保护区的灾后管理项目外，其他 8 个 CBPF 框架项目子项目成效评价均为效率一般或效率低，影响项目成效评价的主要原因是由于这 8 个 CBPF 框架项目子项目的各项项目活动刚刚开展或还未开展时，GEF 资金的地方政府配套和其他配套资金还没有实际到位。另外，秦岭项目、河口项目和青海项目的资金还处于预算阶段，资金未到位，也一定程度影响了这三个项目的成效。

评价得分最高的为灾害多发地自然保护区的灾后管理项目，甘肃项目和 IS 项目虽然在项目执行前期由于组织协调不利、资金不到位等原因出现了一定的延误，但经过重新制订实施计划，并按照计划有序开展各项项目活动，因此项目总体实施比较顺利。秦岭项目、河口项目、盐城项目和青海项目的实施均不顺利。尤其是江苏盐城湿地保护项目评价得分最低，建议项目主管部门和项目管理办公室针对项目执行过程中的主要障碍，积极进行沟通和调整实施计划，尽快落实各项项目活动，以规避像淮河源项目和白洋淀项目一样被中止执行的风险。

在进行本次评估过程中，发现各项目执行过程中有一些共同遇到的问题，具体包括：国内执行机构执行能力不足导致项目执行延误；项目机构人员不稳定，造成项目实施延误和缺乏连续性；项目开发和实施阶段遭遇恶意竞标，使部分项目设计活动不能顺利开展；项目单位对 CBPF 框架缺乏了解，部分项目单位对执行如何服务于CBPF 框架缺乏热情。针对这些具体问题，并结合已实施 GEF 项目的成功经验，本研究就如何在 GEF-CBPF 框架下顺利开展项目活动提出建议。

2. 活动 2 "CBPF 项目监测与评价的框架建议"的主要工作和取得的成果

本研究初步构建了 CBPF 框架项目评估方法，经过对 CBPF 框架项目下 9 个子项目的评估研究发现，本研究所使用的评估指标体系较全面地评价了项目实施过程和实施结果，该评估指标体系可以在 CBPF 框架项目监测与评估框架中使用。

由于各 CBPF 框架项目开展时间不同，建议开展阶段性监测和评价，在项目进行的不同时间或阶段设定不同的监测和评价内容，以确保监测和评价的准确性。

提高监测和评估方法的科学性和可操作性，明确各项指标权重的取值依据，规定各项指标的具体含义，如项目实施时间、开工时间的判断依据。

增加项目主要障碍识别与评估指标，根据前面已做过的 GEF 绩效评估等研究结果，梳理出影响 CBPF 框架项目实施的主要障碍并根据具体项目评估其影响大小，通过该评估总结出项目实施过程中可能出现的主要障碍及影响程度，为今后项目的顺利实施提供帮助。

为进一步体现 CBPF 框架项目下各项目的协同性，便于对项目总体结果进行总结和梳理，在监测和评价框架中应加强各项目设计活动和预期产出、资金分配与框架专题和结果的对应性，并在项目实施阶段进行持续监测和评价。

3. 活动 3 "GEF-5、GEF-6 期间 CBPF 框架项目规划建议"的主要工作和取得的成果

CBPF 结果框架范围很广，包含了有关中国生物多样性保护和履行生物多样性公约的大部分问题，27 个结果涵盖了中国目前迫切需要解决的问题，需要针对每个结果马上开展工作，同时，这些结果的完成也需要国内外共同加大投资力度。通过对目前 CBPF 框架项目的评估，发现 9 个子项目支持了 9 个专题的 21 个结果。其中，专题 1、2、3 分别得到 8 个、6 个、6 个子项目支持，专题 4 涉及 3 个子项目，专题 5 涉及 3 个子项目，因此，建议在后续项目实施中加强 CBPF 框架项目对专题 4 和专题 5 的支持。

各个专题中 CBPF 框架项目所支持的成果分布也不均匀，一些成果没有得到框架项目的支持，具体包括专题 2 中的成果 15、专题 5 中的成果 24～27，建议在后续 CBPF 框架项目的子项目设计时，根据各自项目的特点和实际情况，适当增加对上述空白成果的支持和覆盖。

从各项目对 CBPF 专题和结果框架的覆盖情况来看，目前 CBPF 框架下已实施、正在实施或还未实施的项目对 CBPF 专题和结果的支持分布不均匀，有的专题结果同时受到多个项目支持，而有的专题结果未得到项目应有的支持。因此，需要结合现状和每个专题结果框架的特点进行分析，并为后续 CBPF 框架项目设置提出建议。

通过对比目前 CBPF 框架项目实施情况和各结果框架的不同特征，把 CBPF 框架专题的 27 个结果分成以下四类：

① 已支持类。有些专题的成果在目前项目设计和活动中已得到充分考虑，这些项目的实施有助于 CBPF 专题和结果框架的最终实现。

② 不需支持类。在 27 个结果中，有些成果的开展由有关部门和行业机构负责，结果的顺利实施依赖于这些部门和机构，不需要借助 GEF-CBPF 项目支持。这些结果主要涉及国家发展改革委、财政部、原环境保护部、原国土资源部、原国家林业局等国家部委和行业结构出台与生物多样性保护和管理相关的法律法规、规划、标准、管理办法等。

③ 待支持和加强类。有些结果在部分 GEF-CBPF 项目的部分项目活动中得到支持，但还需加强；有些结果是根据目前已颁布和即将颁布的生物多样性相关文件，亟待开展

的内容；有些结果是通过 CBPF 框架项目开展试点和示范工作可以有利于相关文件的制定。这类结果需要得到后续项目支持。

④ 小规模类。有些专题中的成果规模较小，可以根据实际情况在目前或未来将要开展的项目中得以实现，但不需要大量专门性投入。

三、成果评价

1. 成果的主要亮点或创新点

① 首次对 CBPF 框架项目执行情况进行横向评估和比较：在 GEF 项目执行过程中，各项目执行机构均依据自己建立的一套评估程序和评估方法定期对项目执行情况进行评估，包括年度评估、中期评估和终期评估等，但各项目间缺乏横向评估和比较，项目实施机构、项目单位和地方机构人员间缺乏信息交流与沟通，成熟和可操作性强的项目实施经验难以借鉴和推广。本研究根据文献资料收集、问卷调查、现场调研的信息，应用构建的评价指标体系，首次对 CBPF 框架项目下的 9 个 GEF 项目关联性、执行力和成效进行了横向评估和比较，识别项目执行过程中存在的主要问题并结合各方专家意见给出了方法和建议。

② 构建的评价指标体系可用于 CBPF 监测和评估框架：在共同的框架下，建立科学全面的指标体系和评价方法对 CBPF 项目进行监测和评估是 CBPF 框架项目的重要内容，也是顺利实施我国生物多样性战略行动计划及实现全球生物多样性"爱知"目标的有力保证。本研究构建的评价指标体系较全面地评价了项目实施过程和实施结果，该评估指标体系可以在 CBPF 框架项目监测与评估框架中使用。本研究还针对如何提高 CBPF 项目监测与评估框架的可操作性和科学性、如何促进 CBPF 框架项目下各项目的协同性等提出了具体的建议。

③ 通过对比目前 CBPF 框架项目实施情况和各结果框架的不同特征，把 CBPF 框架项目专题的 27 个结果进行分类：目前 CBPF 框架项目下已实施、正在实施或还未实施的项目对 CBPF 专题和结果的支持分布不均匀，有的专题结果同时受到多个项目支持，而有的专题结果目前还没有得到项目支持。因此，需要结合现状和每个专题结果框架的特点进行分析，并为 GEF-5 期间 CBPF 框架项目设置提出建议。本研究把 CBPF 框架专题的 27 个结果分成四类，并对分类情况给出解释。

2. 成果的价值和已有应用

本研究根据文献资料收集、问卷调查、现场调研的信息，应用构建的评价指标体系，首次对 CBPF 框架项目下的 9 个 GEF 项目关联性、执行力和成效进行了横向评估和比较，对现有 GEF-CBPF 项目在落实规划目标、任务方面的针对性、协同性，以及发挥 GEF 资金融资催化作用方面的实际效果进行评估，总结有关经验，并识别项目执行过程中存在的主要问题并结合各方专家意见给出方法和建议。

本报告的评估结果有助于项目管理机构和实施单位了解各自项目在 CBPF 框架项目下的地位和作用，借鉴其他项目成熟经验，解决项目中遇到的问题，促进项目顺利进行、项目成果的推广和共享；本报告的评估指标体系可为建立科学、全面和可操作性强的 CBPF 框架项目监测和评估框架提供参考；本报告提出的相关政策建议可为财政部在 GEF 后续增资，以及更好地以 CBPF 为依托开展中国生物多样性 GEF 项目规划提供科学依据。

3. 项目设计、实施过程及项目管理中存在的经验、不足和问题

① 经验：本项目设计合理，目标明确，面向国内主要研究机构公开招标，从项目管理机制上确保了项目成果的质量；项目承担单位严格按照工作大纲的要求，按时间节点完成各项任务，并在一年之内分中期、终期两次召开专家咨询会，邀请了诸多国内顶尖学者评议，并根据意见反复修改、完善，从科学研究范式上确保了项目成果的水平。

② 不足和问题：由于是首次进行 CBPF 框架项目的横向评估与比较，在问卷调研和现场调研过程中个别项目单位和人员对提供项目信息有顾虑，导致相关项目信息反馈不及时，直接影响项目评估结果。

4. 今后进一步开展此领域研究以及加强项目管理的建议

① 通过 CBPF 框架项目平台实现评估结果共享和定期更新：本研究的评估结果和政策建议可放到 CBPF 项目网络平台上共享，有助于正在执行中的项目和未实施项目借鉴相关经验，促进项目的实施。同时，项目各相关方也可以在该平台进行定期更新，充分发挥长效机制。

② 加强 CBPF 框架项目监测、评估框架和评估方法的机构能力建设和人员培训：构建的监测和评估框架、评估方法和指标体系专业性较强，需要加强相关机构能力建设和人员培训，促进项目监测和评估工作的顺利开展，也有助于在项目活动策划和设计阶段考虑纳入相关定性和定量评估指标。

③ 针对 CBPF 框架成果覆盖不足的领域，可开展后续研究，并考虑在 GEF 后续增资期给予一定的支持和覆盖。

第三节　中国生物多样性国情研究

项目名称：中国生物多样性国情研究报告（第二版）编写项目

一、背景

1997 年完成《中国生物多样性国情研究报告》至今（2014 年）已有 17 年，这期间中国的经济发展速度很快，自然资源亦发生剧烈变化，对生物多样性的威胁也出现了新的因素。同时，由于保护措施的实施，生物多样性保护的局面也有所改变。因此，在新的时代背景下，为了给政府相关部门的管理和决策提供最新和最权威的技术支持，环境保护部环境保护对外合作中心通过 IS 项目资助环境保护部南京环境科学研究所开展中国生物多样性国情研究报告（第二版）编写工作，并在 2015 年年底前完成中国生物多样性国情研究报告（第二版），并通过专家评审。

二、开展的主要活动和取得的成果

中国生物多样性国情研究的主要内容结构：

1. 自然与经济社会状况

综合阐述了我国自然与经济社会状况，包括自然地理、自然资源、经济社会及民族文化等与生物多样性的关系。

2. 生物多样性现状评估

从遗传多样性、物种多样性和生态系统多样性 3 个层次对中国生物多样性的现状进行了评估，主要包括重要性特征、过去 17 年来生物多样性各组分的动态变化、珍稀濒危与特有物种以及重要遗传资源的评估、揭示存在问题和确定生物多样性受威胁因素。

3. 生物多样性保护行动总结及成效评估

对过去 17 年（或更长时间）中实施的生物多样性保护行动和项目的成效进行了总结和评估，主要包括政策／法规／规划／科学研究等、就地保护、迁地保护、重大生态工程与保护工程、生物资源可持续利用、国际合作项目与履行国际公约等。

4. 生物多样性经济价值评估

使用国际上比较成熟的理论与方法，对中国生物多样性进行了经济价值评估，以揭示生物多样性在国民经济与社会发展中的重要战略地位，提高对生物多样性保护和生物资源可持续利用的重视程度。经济价值评估内容包括生态系统服务价值、物种经济价值、基因经济价值、生物多样性综合价值、保护投入 / 效益分析等。

5. 生物多样性保护能力建设需求分析

在对过去保护行动进行评估的基础上，提出了今后 20 年为实现生物多样性保护目标的能力建设需求，包括生物多样性在国民经济发展规划中的主流化、保护设施能力、科学研究与信息管理能力、专家及人力资源能力、宣传教育与公众参与能力、国际合作与履约能力等。

6. 生物多样性保护与可持续发展战略

在生物多样性评估、已有行动与项目实施效应评估、经济价值评估以及能力建设需求评估的基础上，根据中国在政治、经济和文化及社会发展等方面的现状与趋势，提出了符合中国基本国情的协调生物多样性保护与经济社会发展的可持续发展国家战略，包括生态文明建设与生物多样性保护战略、生物多样性保护主流化战略、生物产业发展战略、生物多样性保护全民参与战略、生物多样性保护履约战略以及遗传资源惠益分享与知识产权等方面的生物多样性保护与可持续发展战略。

三、成果评估

项目综合介绍了我国自然与经济社会状况及与生物多样性保护的关系；从遗传多样性、物种多样性和生态系统多样性 3 个层次对中国生物多样性的现状进行了评估；对过去 17 年（或更长时间）中实施的生物多样性保护行动和项目的成效进行了总结和评估；使用国际上比较成熟的理论与方法，对中国生物多样性进行了经济价值评估；在对过去保护行动进行评估的基础上，提出了今后 20 年为实现生物多样性保护目标的能力建设需求；根据中国在政治、经济和文化及社会发展等方面的现状与趋势，提出了符合中国基本国情的协调生物多样性保护与经济社会发展的可持续发展国家战略。

第四节　中国生物多样性保护协调机制

项目名称：中国生物多样性保护协调机制优化研究项目

一、背景

1.意义

近年来，我国积极履行《生物多样性公约》，制订和实施行动计划，各有关部门、各地区在生物多样性保护方面做了大量工作，生物多样性保护体制机制不断完善。1993 年成立了中国履行《生物多样性公约》工作协调组；2003 年建立了生物物种资源保护部际联席会议制度；2010 年成立了"2010 国际生物多样性年中国国家委员会"；2011 年，国务院决定把"2010 国际生物多样性年中国国家委员会"更名为"中国生物多样性保护国家委员会"（以下简称国委会），统筹协调全国生物多样性保护工作，指导"联合国生物多样性十年中国行动"。在现阶段，中国仍面临生物多样性政策体系尚不完善、管护水平有待提高等挑战，以及生物多样性保护制度有待完善的战略任务。

2014 年 9 月，环境保护部环境保护对外合作中心设立了"全球环境基金中国生物多样性 CBPF 框架——机构加强与能力建设优先项目——中国生物多样性保护协调机制优化研究项目"，旨在完善生物多样性保护机制，加强中国生物多样性伙伴关系的作用，提升伙伴关系的效率与效果，为生态文明深化改革提供建议。另外，通过本项目的实施，可充分发挥中国生物多样性伙伴关系作用，提升伙伴关系生物多样性保护效率；查明国委会等中国生物多样性保护协调机制的活动状况，为其提供政策建议。

2.任务内容

（1）国外相关生物多样性伙伴关系建立与运作的知识与经验的调研

调查国外建立类似伙伴关系的目的、目标和利益相关者的选择，参与伙伴关系的风险评估，伙伴关系正式形成与运作机制，伙伴项目开发与实施及成果交流，伙伴成员退出策略，维持伙伴关系的资金规划，伙伴关系运作的监督与效率评估，此领域有影响的相关案例等内容。

（2）中国生物多样性伙伴关系现状的调研与分析

查明并分析中央层面中国生物多样性伙伴关系组成成员的性质、有关生物多样性保护的职能/作用、主要优势与劣势（如职能的空缺、重复、矛盾之处及协调机制等）、主要工作领域、内设机构与人力资源能力建设状况等；查明中国生物多样性伙伴关系目前存在的主要问题/困难/障碍，并分析这些问题/困难/障碍形成的主要原因；收集有关生物多样性保护大中型项目或行动及其影响信息；提出优化中国生物多样性伙伴关系的机制及其运作的相关建议。

（3）国委会运作现状的调研与工作建议

查明国委会成立的主要目的、组成成员、主要任务、运行机制、自成立以来已开展的主要活动等现状；查明国委会在促进中国生物多样性履约工作方面的作用以及面临的主要困难等；提出改进国委会的工作建议。

3. 实施及完成时间

本项目实施时间为 2015 年 11 月—2016 年 10 月，2016 年 12 月完成验收。

二、开展的主要活动和取得的成果

1. 活动 1 的主要工作和取得的成果

多方利益相关者参与的生物多样性伙伴关系机制已经成为国际上生物多样性有效保护的重要途径。在实践中，国内外在生物多样性伙伴关系方面进行了大量探索和努力。生物多样性伙伴关系机制的建立与运行，不仅极大地提升了生物多样性保护成效，同时也积累了宝贵的经验，开发出了一些成功的方法与模式。

项目组选取了澳大利亚、巴西、美国、印度、欧盟、英国、日本、南非、马来西亚等 9 个国家和地区。这其中既有发达国家、发展中国家，也有生物多样性丰富地区。首先，各国积极将生物多样性保护纳入国家战略和立法。无论是发达国家还是发展中国家都或早或晚地制定了生物多样性保护国家战略，有些国家还通过国家立法规范生物多样性保护的各个方面。其次，鼓励社会各阶层、各团体参与生物多样性保护，推动建立多层次、多维度的生物多样性伙伴是生物多样性保护的发展方向，如欧盟开发了以中小企业为主的"生物多样性技术援助单位"项目，日本推动私营部门、NGO 与社区居民开展了生物多样性保护的合作项目等。再次，建立多种多样的伙伴项目交流和推广方式。除了在伙伴成员内部进行交流以外，很多国家在开展生物多样性保护活动时，非常重视向公众介绍和推广项目的进展与成果。澳大利亚的"种子银行伙伴关系项目"开设了网站，一方面通过网络、媒体等方式向公众展示项目成果，另一方面也借助这些平台寻求新的合作伙伴。日本生物多样性委员会（UNDB-J）通过网络媒体平台等渠道公布合作项目的进展、成果等，为了鼓励社会各基层参与到实现"爱知生物多样性目标"的活动中，委员会还组织了最佳实践项目的评选。全球环境基金与马来西亚政府联合发起的生物多样性伙伴关系项目，还构建了多个主题的网络媒体，如生态系统管理、生态旅游等，通过电子平台等发布伙伴项目的进展、成果等，促进政府、各部委、企业、非政府组织以及当地社区等利益相关者之间的信息交流和经验分享。最后，注重伙伴项目的监督评价。不同层面的伙伴项目，其监督和评价方式会有所不同。一般是由出资方直接或委托执行机构对项目进行监督和评价，同时鼓励非政府组织、利益相关者参与。根据项目的复杂程度，监督可在不同层面展开，包括项目执行过程中依照年度计划和指标进行跟踪监测；根据项目周期的长短，可以设立一次以上的评估；评价的方式既有年度报告这样的传统方式，也有网站大数据分析和电子邮件回访等新型评价方式，如英国的"海洋气候变化影响伙伴关系项目"。

通过对上述国家有关生物多样性保护、管理以及开展生物多样性保护案例情况的总结、梳理和归纳，可以看出，不同国家根据其国情在生物多样性保护领域有着各具特色的做法，对我国开展生物多样性保护与推动生物多样性伙伴关系的发展、深化具有重要的借鉴意义。

2. 活动 2 的主要工作和取得的成果

在对我国生物多样性伙伴关系现状的调研与分析时，通过文献分析法、问卷调查法、比较研究法、举例研究法等相结合的方法，分析评价当前我国生物多样性伙伴关系运行的主要障碍和困难，提出生物多样性伙伴关系的评价指标和优化建议。

我国的生物多样性保护面临协同性较差、保护效率较低以及职能交叉等挑战，从政策、制度、管理方面解决现有生物多样性保护方法上的缺陷，遏制生物多样性丧失的速度，建立生物多样性保护与可持续利用的新型伙伴关系，成为中国推动生物多样性保护工作的重要发展方向之一。对我国现有生物多样性保护领域的伙伴关系进行梳理发现，目前我国已基本形成了以府际关系为主导和以项目为主导的两种类型为主的生物多样性伙伴关系工作机制。前者包括中央政府层面的国家自然保护区伙伴关系工作机制、濒危物种执法管理伙伴关系工作机制、中国履行《湿地公约》国家委员会工作机制以及地方政府层面和保护区层面的生物多样性伙伴关系。后者则包括中国生物多样性伙伴框架项目、中国—欧盟生物多样性项目、中国/全球环境基金干旱生态系统土地退化防治伙伴关系项目等。

对来自国土资源部、水利部、农业部、国家质检总局、国家林业局、中科院科技促进发展局、国家海洋局、中医药管理局、中科院动物所、北京林业大学、中国农科院、中国检科院、中国环科院、中科院生物多样性委员会、IUCN、WWF、FFI 和山水自然保护中心等 18 个单位共 30 余名管理人员和专家、学者，以及参与 GEF-4 期 CBPF 框架试点项目的 7 家实施单位进行了问卷调查，回收问卷 45 份，查明中国生物多样性保护工作/项目利益攸关方的观点、态度、评论、想法以及相关基本信息，分析中国生物多样性伙伴关系的管理、运行、交流、协调以及目标达成情况，从角色和作用、组织结构与管理、决策机制、资源投入情况、交流机制、协调机制、目标达成情况七个方面提出了 23 条生物多样性伙伴关系效能的评价指标。

总结我国生物多样性伙伴机制的不足之处表现在：部门优势未能充分发挥、决策和财务机制有待优化、协调与交流机制有待加强、合作方式有待改进、监督与评价机制不够完善、私营部门参与程度不够六个方面。

针对以上挑战，提出我国生物多样性伙伴关系的机制优化方案。从国家战略层面确立生物多样性伙伴关系的优先发展地位，制定法律法规；规范伙伴关系的运行机制，保障伙伴成员权益，完善协调和沟通机制；扩大生物多样性伙伴机制的影响范围，提升公众认识程度；建立监督与评价机制，保证生物多样性伙伴机制的长远发展等四个方面提出优化生物多样性伙伴关系的机制的工作建议。从总体和具体目标、成员组成与作用、工作领域、总体运作原则、沟通与协调机制、管理监督机制、约束机制、投入机制、项目合作机制、信息共享机制、能力建设机制、常设机构设置 12 个方面构建了我国生物多样性伙伴关系机制优化方案。

3. 活动 3 的主要工作和取得的成果

活动 3 梳理了中国生物多样性国家委员会的成立背景、主要目标、成员组成、主要任务和运行机制，总结了国委会自成立以来开展的主要活动和成果。对改进国委会工作提出六方面的建议，即国委会建立常态化、固定化的定期会议制度，包括每年召开 1 次全体会议和 1 次联络员会议；充分调动国委会各部门的积极性，每年定期向各部门征集涉及生物多样性保护的重大议题，经过筛选之后提交国委会审议；加强各部门之间的协调与合作，进一步加强国委会协调职能，厘清各部门在生物多样性保护中的职责和优势，促进各部门之间的合作，对于各部门忽视的空白领域和基础性工作，通过一些重大项目或专项行动来提高生物多样性保护的基础能力；充分利用国委会的高层次平台，促进部门之间的数据和信息共享，建立国委会报告机制，各部门以工作总结或简报的形式定期报告工作情况，适宜向社会公开的内容在国委会网站公布；将国委会作为相关公约谈判和履约的综合协调平台，对各公约涉及的有关生物多样性的重要问题进行综合研究，统一对外谈判口径，同时在国内相关履约工作中进行有效整合，促进相关公约的协同增效；在国委会秘书处（生态司）下专门设立一个协调处，除专职处长外，配备 2～3 名工作人员，切实加强秘书处的机构能力，促进国委会日常工作的有效运转。

三、成果评估

1. 成果的主要亮点或创新点

项目通过大量文献调研，阐明了生物多样性伙伴关系的定义、特征和类型，全面总结了国内外生物多样性伙伴关系的组织形式、运行机制和管理经验。通过组织生物多样性利益相关方研讨、机构专家访谈以及对"中国生物多样性 CBPF 框架"地方试点项目的机构调查，总结分析了中国生物多样性伙伴机制和保护协调机制的运行现状和存在的问题，提出了中国生物多样性保护伙伴关系的评价指标与机制优化建议。项目成果具有较强的针对性和实用性，为中国生物多样性伙伴关系和保护协调机制的完善提出了很好的建议。

2. 成果的价值和已有应用

研究团队针对项目需求开发了"中国生物多样性保护协调机制调查问卷"，从角色作用、运作机制、协调机制、交流机制、目标达成五个方面设置了 41 个问题对生物多样性保护伙伴机制的效能进行评估，凝练出 23 条评价指标，用以掌握中国生物多样性伙伴关系成员以及利益相关方的观点、态度、挑战和障碍，对于查明生物多样性伙伴关系的运行情况、提升伙伴关系效率具有很好的应用价值。

项目对国委会的运行现状与主要成绩进行了梳理和总结，提出建立常态化、固定化的会议制度，调动国委会成员部门的积极性和能动性，加强国委会的协调职能，建立国委会的数据和信息共享平台，设立专职国委会协调机构等建设性意见，为提升原环境保护部在国委会的牵头组织与协调作用提供了实用性的工作建议。

3. 项目设计、实施过程及项目管理中存在的经验、不足和问题

本项目围绕我国生物多样性保护伙伴机制开展工作，虽然通过文献调研、研讨会、问卷调查等方式收集了现有国内伙伴关系项目的运行情况、成员伙伴以及利益相关者的观点和意见，获得了大量的信息，但是对于 CBPF 试点项目的了解还不够深入，缺乏对基层项目实施单位以及试点区域的走访和调查，因此在今后的同类项目中，应当有意识地加强对试点项目和基层情况的研究和分析，这样提出的工作建议才更有针对性，才能切实满足 CBPF 项目的内在需求。

4. 今后进一步开展此领域研究以及加强项目管理的建议

生物多样性保护涉及国家多个部门、跨越不同学科领域，不仅政府部门需要发挥主导作用，其他利益相关者，特别是有关生物多样性的非政府组织和民间团体也需要贡献应有的才智与力量。总结我国生物多样性伙伴机制的不足之处表现在：部门优势未能充分发挥、决策和财务机制有待优化、协调与交流机制有待加强、合作方式有待改进、监督与评价机制不够完善、私营部门参与程度不够等六个方面。本项目初步提

出我国生物多样性伙伴关系的机制优化方案以及工作建议，推动伙伴机制的深入开展仍然需要加强研究，一方面加强与相关管理部门的沟通与对接，明确牵头部门与成员部门的责任和权力；另一方面应当扩展伙伴关系成员的组成，将生物多样性保护的观念深入社会生活与经济发展的各个层面，成为全民的共有意识。

（陆轶青　王　也　万夏林）

第三章　生物多样性保护规划体系

第一节　生物多样性战略与行动计划实施监测

项目名称：NBSAP 和 PBSAP 实施监测指标体系示范研究

一、背景

1.意义

国家生物多样性保护战略与行动计划（NBSAP）的编制是缔约国履行《生物多样性公约》（CBD）的一项重要义务，也是中国社会经济可持续发展和环境保护事业的根本需求。CBD 要求各缔约方制定国家生物多样性保护战略与行动计划，并监测其实施进展，适时更新国家生物多样性保护战略与行动计划。因此，编制 NBSAP 实施监测指标体系对监测 NBSAP 实施进展具有重要的示范指导意义，监测 PBSAP 编制进展可以系统掌握中国省级 BSAP 编制进展，深入了解 PBSAP 编制的困难与需求，分析总结国内省级 BSAP 编制经验，探索未来工作的方向与需求，为进一步推动全国 PBSAP 的完善和衔接提供技术支撑。

2.目标

起草完善 NBSAP 实施监测指标体系，选取优先区对相关适用指标实施监测试点；在 NBSAP 实施监测指标体系基础上，形成 PBSAP 实施监测指标体系，提出加强对 NBASP 和 PBSAP 实施的建议和策略。

3.任务内容

活动 1：结合原环境保护部正在开展的保护优先区域边界核定工作，根据保护优先区域实际情况，编制 NBSAP 实施监测指标体系，征求和听取专家意见，对 NBSAP 实施监测指标体系进行优化、完善，形成 NBSAP 实施监测指标体系。

活动 2：根据 NBSAP 实施监测指标体系，对已选择的 NBSAP 划定的优先区开展调研，筛选其中适用于优先区域层面的指标，对该优先区 NBSAP 实施状况进行监测、考核，形成 NBSAP 实施监测指标体系应用试点报告。

活动3：对已发布PBSAP省（区）战略与行动计划的省（区）进行调研，征求相关方意见，完成省级生物多样性保护战略与行动计划实施监测指标体系，听取并依据专家对PBSAP实施监测指标体系意见，对PBSAP实施监测指标体系进行完善，形成PBSAP实施监测指标体系。

4. 实施及完成时间

项目组紧紧围绕NBSAP战略目标、战略任务、优先领域、优先行动等内容，开展了NBSAP实施监测指标体系研究，并于2014年12月提交了NBSAP实施监测指标体系。同时，利用NBSAP实施监测指标体系对NBSAP优先区实施进展进行了总体评估，并选择横断山南段区、桂西南山地区和南岭地区三个优先区开展了典型评估，于2014年12月提交了NBSAP实施监测指标体系应用试点报告。研究编制了省级生物多样性保护战略与行动计划实施监测指标体系，并对全国31个省（自治区、直辖市）及辽河国家级自然保护区BSAP编制进展开展了调研，对云南、重庆、广西、海南、福建、吉林、湖北、湖南、广东、四川10个省（自治区、直辖市）和辽河保护区进行了典型案例研究，于2015年10月完成了省级BSAP实施监测指标体系与评估报告。

二、开展的主要活动和取得的成果

1. 活动1的主要工作和取得的成果

（1）分析了编制BSAP的国际需求，梳理了国内BSAP发展动态

NBSAP的编制是缔约国履行CBD的一项重要义务，也是中国社会经济可持续发展和环境保护事业的根本需求。CBD第6条要求，每一缔约方要根据国情，为保护和持续利用生物多样性，制订国家战略、计划或方案，并尽可能将生物多样性的保护和持续利用纳入有关部门或跨部门计划、方案和政策中。编制NBSAP成为CBD下时间最优先、实施最广泛的履约行动，受到各缔约方政府的高度重视。中国是世界上生物多样性最丰富的国家之一，于1993年加入CBD，成为最早批准公约的缔约方之一。为了履行CBD第6条，1993年年底，中国首次编制完成了《中国生物多样性保护行动计划》（以下简称《行动计划》），1994年由国务院环境保护委员会正式发布。

然而，在《行动计划》发布后的近20年中，CBD谈判及国际生物多样性保护出现了许多新的议题和热点问题，国内的经济社会发展和环境资源现状也发生了重大变化。城镇化、工业化使更多物种的栖息地受到威胁；生物资源过度利用和无序开发加剧了对生物多样性的影响；外来入侵物种和转基因生物的环境释放增加了对生态安全和生物安全的压力；生物燃料的生产对生物多样性形成新的威胁；气候变化对生物多

样性的影响有待评估；遗传资源及相关传统知识获取与惠益分享需要规范。因此，《行动计划》的目标和任务已经不能满足和适应当前生物多样性保护的需求，亟须根据CBD 谈判的进展和趋势，深入研究中国的具体国情，制定在新时期下的 NBSAP，作为未来 20 年全国生物多样性保护的蓝图。

为此，2007 年 1 月，环境保护部牵头，组织 20 多个部门的 40 多个科研院所和高校的 100 多位专家启动了《中国生物多样性保护战略与行动计划（2011—2030 年）》的编制工作。在开展 14 个专题对中国生物多样性进行国情研究的基础上，经分析汇总、深入研讨、广泛征询部门和地方政府意见，历时近 4 年时间（2007 年 1 月—2010年 9 月），完成了项目的研究与编制工作。

研究编制的 NBSAP，经国务院第 126 次常务会议审议通过，并批准实施来指导中国未来 20 年生物多样性保护工作，2010 年 9 月 17 日，环境保护部发布了《关于印发〈中国生物多样性保护战略与行动计划（2011—2030 年）〉的通知》（环发〔2010〕106 号）。

（2）编制完善了 NBSAP 实施监测指标体系

为客观评估 NBSAP 战略目标、战略任务、优先领域、优先行动等内容的实施进行情况，以及为更新和修订国家生物多样性保护战略与行动计划提供依据，依据《中国生物多样性保护战略与行动计划（2011—2030 年）》《关于实施〈中国生物多样性保护战略与行动计划（2011—2030 年）〉的任务分工》《联合国生物多样性十年中国行动方案》《全国生态保护"十二五"规划》，编制了 NBSAP 实施监测指标体系。

监测指标体系以科学发展观为指导思想，突出 NBSAP 实施进展主要监测指标的重要性，制定综合评价指标体系，采用相关部门发布的权威数据，对 NBSAP 实施进展进行监测与评估；以完备性、科学性、导向性、结构性和可操作性为基本原则；针对战略目标实现情况、战略任务完成情况、优先领域与优先行动和优先项目的实施情况，制定了战略目标监测指标（5 项）、战略任务监测指标（39 项）、优先领域与优先行动监测指标（88 项）共 132 项监测指标；针对监测内容和指标，提出了监测方法。

2. 活动 2 的主要工作和取得的成果

（1）NBSAP 优先区实施进展监测

项目梳理了 NBSAP 与优先区相关的规划内容，根据 NBSAP 实施监测指标体系，对已选择的 NBSAP 优先区调研，依据 NBSAP 对优先区的规划内容，对 NBSAP 优先区实施状况进行了监测。监测评估结果显示，2013—2014 年，由环境保护部牵头，在前期资料充分准备的基础上，通过专家咨询会的形式，组织中央和地方专家对大兴安岭等 32 个陆地及内陆水域生物多样性保护优先区域边界进行了初步核定，并核定成果

进行了汇总，编制完成了《生物多样性保护优先区域核定工作报告》《32个内陆陆地
和水域生物多样性保护优先区域范围》及相关图件，优先区边界核定结果已于2015年
12月正式对外公布。

（2）NBSAP优先区实施进展评估

根据NBSAP实施监测指标体系对优先区的监测结果，对NBSAP优先区实施状
况进行了总体评估和典型评估。项目首先对NBSAP优先区实施进展进行了总体评估，
并对横断山南段、桂西南山地、南岭3个优先区域进行了典型评估。目前，针对所有
优先区开展的工作只有32个陆地及内陆水域生物多样性保护优先区域边界核定工作。
此外，与优先区相关性较大的工作主要是2010—2011年由环境保护部生态司组织开展
的优先区生物多样性本底调查与评估，但开展的范围仅涉及横断山南段、桂西南山地、
南岭3个优先区域部分县域的生物多样性本底调查与评估工作。距离战略目标的完成
还有很大距离，从优先区数量来看，开展生物多样性本底调查与评估工作的优先区仅
占2015年目标的1/3，而涉及的县域数量更少。因此，从战略目标指标来看，优先区
相关的战略目标远远没有完成。

3. 活动3的主要工作和取得的成果

（1）编制了省级BSAP编制进展监测指标体系

研究编制了省级BSAP编制进展调查问卷，调查问卷内容涉及BSAP编制组织过
程、资金来源、投入数量、开始时间、发布时间、发布方式、问题与经验等信息，通
过与部分省份座谈等多种途径，对BSAP调查问卷进行了完善。

（2）开展了省级BSAP编制经验研究

调研了31个省（自治区、直辖市）及辽河国家级自然保护区BSAP编制进展，
并对已发布（或即将发布）BSAP的云南、重庆、海南、广西、福建、吉林、湖北、
湖南、广东、四川10个省（自治区、直辖市）及辽河保护区，发放调查问卷，了解
掌握了典型省（自治区、直辖市）BSAP编制的组织实施、经费安排、专家组织、编
制过程、专题设置等，以及在其中存在的问题、挑战与经验等。全国有一半以上的省
份完成了BSAP的编制，并上报发布。大部分省份都成立了管理办公室和专家研究
组；各省BSAP编制都得到不同额度的经费支持，平均资助额度为103.7万元，但各
省之间资助额度差别较大；80%省级BSAP编制工作都经历了专题研究、报告编写、
研讨修改、征求意见等几个阶段，而且在编制过程中各部门和有关单位广泛参与；各
省（自治区、直辖市）都设置了不同数量的专题研究，专题数一般在10个左右；各省
（自治区、直辖市）在BSAP研制过程中，都组织了不同次数的研讨，对各专题及总报
告结构和内容进行了讨论和完善；所有省份的BSAP报送前都没有进行部门会签；除
海南省BSAP由省政府批准、省政府办公厅发布外，其他省份都是由省政府批准同意

后，由环境保护厅或保护区管理局自己发布；在所有省份 BSAP 中都列出了优先项目，一些省份也做出了项目名称和项目预算等，但多数省份还没有及时落实配套资金，发布后就没有后续的工作跟进。因此，建议成立 BSAP 实施领导小组和专家咨询组，推动剩余省份的 BSAP 编制，并协助各省（自治区、直辖市）指导开展 BSAP 的实施工作；同时，拓宽 BSAP 实施的融资渠道，多方筹措资金，促进 BSAP 各项战略任务的落实和生物多样性保护目标的实现。

三、成果评估

1. 成果的主要亮点或创新点

依据 NBSAP、《关于实施〈中国生物多样性保护战略与行动计划（2011—2030 年）〉的任务分工》、《联合国生物多样性十年中国行动方案》、《全国生态保护"十二五"规划》，以科学发展观为指导思想，以完备性、科学性、导向性、结构性和可操作性为基本原则，编制了 NBSAP 实施监测指标体系，明确地提出了监测内容、监测指标、监测方法和评估方法，并以 NBSAP 优先区为对象进行了试评估。

2. 成果的价值和已有应用

NBSAP 实施监测指标体系可为客观评估 NBSAP 战略目标、战略任务、优先领域、优先行动等内容的实施进展情况，以及为更新和修订国家生物多样性保护战略与行动计划提供依据。通过对全国"省级生物多样性保护战略与行动计划"编制现状调研，系统掌握中国 PBSAP 编制进展，通过案例研究，深入了解 PBSAP 编制的困难与需求，分析总结国内 PBSAP 编制经验，探索未来工作的方向与需求，为进一步推动全国 PBSAP 的完善和实施衔接提供技术支撑。

3. 项目设计、实施过程及项目管理中存在的经验、不足和问题

经验：项目设计紧跟国际进展和国内需求，既满足了国内管理需要，也可以为履约国际谈判提供技术支撑。

不足：由于项目经费以及研究周期等因素限制，未能开展 NBSAP 实施进展全面监测与评估。

问题：各部门不能严格按照 NBSAP 设计的内容执行，且实施 NBSAP 进展缓慢，对实施监测不能获取有效数据；此外，很多省份没有及时完成 PBSAP 的编制，影响工作进展。

4. 今后进一步开展此领域研究以及加强项目管理的建议

建议此领域项目研究要紧跟国际进展和国内需求，紧紧从《生物多样性公约》《名古屋议定书》履约需求出发，为国家参与国际谈判提供技术支撑，为他国履约提供经验。

第二节　国家公园发展经验与分类体系

项目名称： 国外国家公园发展历史与经验及中国国家公园分类体系研究项目

一、背景

1. 意义

党的十八届三中全会通过的《中共中央关于全面深化改革若干重大问题的决定》中明确提出："严格按照主体功能区定位推动发展，建立国家公园体制"，旨在从根本上解决我国生物多样性丧失和生态系统服务退化的问题，实现自然资源保护与有效利用相平衡，建立符合国情的生物多样性管理体制。国家公园体制已在世界上得到广泛使用，是被实践证明了的一种能够在资源保护和利用方面实现双赢的先进管理制度。我国国家公园管理模式探索起步较晚，在规划、建设、管理、体制、机制、投入、经营、政策、法律等各个方面均没有成熟的规范和标准。在这种情况下，开展对国际上国家公园建设和管理历史的总结、归纳，为我国国家公园建设和管理提供借鉴和参考作用，同时探索适合我国国情的国家公园分类体系，为建立我国国家公园体系与管理体制提供技术支撑，对推动我国生物多样性有效保护与可持续利用以及生态文明建设都具有重要意义。

2. 目标

① 评估国际上成功的经验与做法，为我国建立国家公园体系与管理体制提供决策参考。

② 探索国家公约分类体系，为我国建立国家公园体系与管理体制提供技术支持。

3. 任务

① 制订工作计划并征求项目办建议。

② 收集研究所需文献，数据来源包括互联网、数据库、图书、期刊、走访等途径。

③ 对收集到的文献进行整理、分析和评价，总结国际上国家公园建立与管理方面的成功经验和先进做法以及存在的问题。

④ 在上述分析、评价与总结的基础上，提出国际经验对中国国家公约建立与管理的启示和建议。

⑤ 根据收集到的文献、国外的经验、中国保护地现状、存在的问题以及中国国家公园的总体目标，开展中国国家公园分类体系研究。

⑥ 提交《国家公园国际发展历史及经验研究报告》和《中国国家公园分类体系研究报告》初稿。

⑦ 就第⑥项的两个报告召开评审验收会。

⑧ 根据评审验收会各方的建议，对报告进行修改完善，提交报告终稿。

4. 实施及完成时间

项目实施及完成时间：2014 年 10 月 10 日—2015 年 12 月 11 日。

二、开展的主要活动和取得的成果

1. 活动 1 成果

活动 1："国外国家公园发展历史与经验及中国国家公园分类体系研究"项目在国内首次以时间为轴全面而系统地梳理了国外国家公园发展历史，归纳总结了国际上成功的经验和做法，为我国建立国家公园体系与管理机制提供了决策参考。这些成功的经验和做法包括：

（1）统筹规划与统筹管理是自然保护地的发展趋势

我国现有的保护区亟待纳入同一部门、同一网络，进行统一规划、系统管理、统筹协调、战略布局和科学管理，这包括法律法规与政策的统一、管理部门的统一、资金分配与使用的统一。只有实现了高度统一、系统化、网络化的管理，才能从根本上提高我国自然保护区整体管理水平和保护区的保护效果。

（2）部门间的协调与配合是提高保护成效的关键

首先是部门间的协调的问题，在保护区的管理中，如何实现不同部门之间的协调发展、密切配合，以达到"合理布局、相互补充、避免重复和缺失"的目的，应是自然保护区管理的核心工作之一。其次，对跨越行政区域的边界保护区，也是协调工作中需要考虑的重点问题。

（3）完善的法律法规是保护地建设的准则框架和行动规范

到目前为止，我国尚缺少这方面的法律法规和政策。缺少法律基础和政策支持，必然会增加多方利益相关者间协调与配合的困难，也难以实现生物多样性保护全国一盘棋、对生物多样性的保护工作进行统筹规划、统一部署、统一行动。缺少法律基础和依据，还会给多方利益相关者参与带来很多问题，如哪些群体才是生物多样性保护的利益相关者、该由什么部门牵头、各利益相关者的职责与任务是什么、采取什么样的协调与配合方式、各利益相关者之间是什么关系等，也会相应缺失，这必然会造成生物多样性保护条块分割、各自为政的局面。这也是我国生物多样性保护多方利益相关者参与难以落实的根本原因之一。国家公园体制建设涉及各个部门和领域，往往会改变当地的经济、社会、环境和文化结构或地位，也可能涉及各利益相关方的利益和权利等。例如，将国家公园建设和管理纳入经济发展规划、土地利用规划、环评等，都会影响当地经济社会发展的各个方面，这就要求国家公园体制建设必须有法律依据和政策支持，否则不仅会使国家公园体制建设举步维艰，甚者会遇到来自各利益相关方的抵制。

（4）保证融资渠道畅通是国家公园可持续发挥作用的保障

自然保护区是我国国家公园体制的重要构成部分，自然保护区主要由国家和地方各级政府支持，在这方面，我国应加强对投入的社会、经济、文化等效益的关注，以增加保护区的可持续性。在融资方面，企业的参与具有重要而且独特的作用。企业在生物多样性保护中是重要的利益相关者，他们的参与不仅可以改变保护资金捉襟见肘的状况，也是实现生物多样性资源可持续利用的重要保障，同时也是栖息地保持完整、生态系统维持服务可持续的重要因素。我国生物多样性保护的企业参与虽然已经开始，但远未达到应有的水平。有很多企业表达过愿意支持生物多样性保护的愿望，但苦于不知怎么参与、该做些什么、怎么做，缺少有效的企业参与机制也无形中忽视了国家公园体制建设中一个重要的资金来源。

（5）加强宣传教育是国家公园壮大发展的推力

国际上在国家公园发展过程中，始终注重对公众的宣传与教育，主要是通过一些非政府组织、国际会议、国际公约活动等形式，引起公众尤其是决策者对国家公园的关注。例如，1933年在伦敦召开的殖民政权国际会议（伦敦会议），在推动国家公园进程方面起到了非常重要的作用。宣教内容包括国家公园对人类和社会的重要意义、生物多样性基础知识、生物多样性及生态系统服务的巨大价值等。只有决策者深刻理解了国家公园的重要作用和意义、公众理解并支持国家公园，国家公园才能不断发展并可持续地发挥作用。

（6）加强科学研究和技术支撑是保护地科学健康发展的基础

我国的国家公园体制建设工作虽然已经广泛开展并取得了一定效果，但目前仍然处于起步阶段，还有诸多的科学、技术问题需要解决。建议国家加大投入力度，支持开展相关的科学研究和技术开发，为我国的国家公园体制建设提供理论依据和技术指导。很多时候，有地方政府或企业很想开展国家公园体制建设工作，但苦于不知道如何开展，甚至对国家公园的概念也缺乏了解，这不仅制约了国家公园体制的建设进程，也影响了国家公园体制建设的效果。政府应支持开展相关的研究和技术开发，为各级政府、部门和企业的国家公园体制建设工作提供理论依据、技术方法和可供借鉴的经验等。

（7）不断地完善是国家公园发展的必由之路

国家公园的分类也一直处于不断地探索和完善过程中，分类的依据也仍然处于变化之中，有的依据管理对象分类、有的依据管理目标分类、有的依据用地性质分类等。

（8）标准和规范是国家公园体系实现统一管理的前提

我国的国家公园体制建设目前亟待加强各种管理过程的标准化和规范化。这需要在国家层面建立一套完善标准和规范作为指导，确保有关国家公园体制建设的所有管理过程都可以标准化、规范化。建议国家出台相应的国家公园体制建设指南或办法，指导地方和行业的国家公园体制建设行动，同时开发国家公园体制建设成效考核指标体系，用以检查、衡量国家公园体制建设的效果。

（9）国家公园的建设与国情相结合

在世界上现有国家公园中，有一个重要的特征或者说趋势就是越来越多的国家都根据各自的国情来建立和管理国家公园，包括国家公园的目标、土地权属、分类体系、保护地规模、保护对象、法律法规、政策、融资、管理等无不体现了国情的烙印。

（10）开发利用与保护的双赢是国家公园的重要任务

国家公园的重要特征之一是在保护自然资源的同时，科学地利用自然资源。这就对所有国家公园的管理都提出了一个新的挑战，即如何实现自然资源保护与资源的开发利用的双赢。但这并不意味着公园的旅游和科教等活动必须收费，如日本国家公园经营运转的经费主要来源于国家拨款和地方政府的筹款，国家公园是免收门票的。新西兰则实行特许经营制度，避免了重经济效益、轻资源维护的弊病。特许经营的收入主要用于国家公园的基础设施建设，为公众提供更为便利的服务设施。特许经营既缓解了国家公园面临的巨大旅游压力，又满足了政府发展旅游、增加财政收入的需要。我国的国家公园建设起步较晚，既是不利因素，也可视为有利条件。正是因为刚刚起步，可以在充分借鉴和学习国外的先进经验的基础上，规划、建设和管理我们自己的国家公园体系。

2. 活动 2 成果

在综合考虑国外自然保护地体系建设经验以及 IUCN 分类体系的基础上，结合我国自然保护地的建设和管理现状，根据生态系统完整性的原则，按照管理目标和功能定位，将我国自然保护地分为自然保护区、国家公园、景观资源保护区、种质资源保护区、生态功能保护区和自然资源可持续利用保护区 6 类。针对不同类别制定了管理目标、功能定位、保护强度以及管理措施等。为中国自然保护地体系改革奠定了良好的基础。项目在此基础上撰写了《国家公园国际发展历史及经验研究》和《中国国家公园分类体系研究》两个报告。

三、成果评估

1. 成果的主要亮点或创新点

① 以时间为轴全面系统地梳理了国外国家公园发展历史，重点总结出有益于我国国家公园体制建设的经验和教训，对我国国家公园体制建设具有重要的参考价值。

② 在以往工作的基础上，研究提出了适合我国国家公园相关保护地的分类体系，为决策者提供参考。

2. 项目设计、实施过程及项目管理中存在的经验、不足和问题

① 在项目中期召开专家研讨会，就报告的内容提出修改完善建议，对保证报告的质量非常重要。

② 建议通过签报的形式正式上报政府主管部门，充分发挥项目对政府决策的支持作用。

第三节　广西省级 BSAP 编制

项目名称：支持广西壮族自治区生物多样性保护战略与行动计划编制活动

一、背景

1. 意义

在财政部的统一指导和大力支持下，我国政府于全球环境基金第四增资期（GEF-4，2006 年 7 月 1 日—2010 年 6 月 30 日）申请启动了"全球环境基金中国生物多样性 CBPF 框架项目"，旨在统一规划、有序管理、合理协调我国各项生物多样性保护资源。2010 年 5 月，环境保护部、财政部与联合国开发计划署（UNDP）针对"全球环境基金中国生物多样性 CBPF 框架"（以下简称 CBPF），共同开发了"CBPF 机构加强与能力建设优先项目"（以下简称 IS 项目），旨在加强中国生物多样性保护机制、提高生物多样性管理机构能力，提出了五个预期成果，其中，预期成果 2 为"加强生物多样性保护的规划体系"。

为有效落实 NBSAP 中行动 4 "将生物多样性保护纳入部门和区域规划、计划"，

实现项目预期成果 2 "加强生物多样性保护规划体系"，IS 项目选择了中国南部生物多样性丰富的广西作为 "支持省级生物多样性保护战略与行动计划编制活动" 支持示范省（自治区），在专家、技术和资金等方面提供支持，以协助其完成生物多样性保护战略与行动计划（以下简称 PBSAP）编制工作。

2. 目标

支持广西壮族自治区编制 PBSAP。

3. 任务内容

① 按照 NBSAP 要求，结合本自治区生物多样性特点，分专题对本自治区生物多样性现状等进行分析、研究，并在 2011 年 12 月资助广西 PBSAP 编制启动会的基础上对编制大纲初稿进行修改，完成编制大纲终稿。

② 根据编制大纲及其他研究报告和调查结果完成广西 PBSAP 初稿。

③ 召开政府部门代表、国内专家及其他利益相关方参加的广西 PBSAP 编制研讨会，根据会议意见对广西 PBSAP 初稿进行修改，形成广西 PBSAP 终稿。

④ 召开 PBSAP 编制评审或验收会，邀请政府部门代表、国内专家对广西 PBSAP 终稿进行审核，将审核通过稿提交当地政府部门审议或批准后发布。

4. 实施及完成时间

2011 年 12 月，召开广西 PBSAP 编制启动会，提交广西 PBSAP 编制大纲。

2012 年 12 月，完成广西 PBSAP 初稿。

2013 年 5 月，组织召开 PBSAP 评审会，完成广西 PBSAP 终稿。

2014 年 3 月，自治区政府审核通过，并在全区发布实施《广西生物多样性保护战略与行动计划》（2013—2030 年）。

二、开展的主要活动和取得的成果

① 2011 年 4 月 9 日，组织召开广西生物多样性保护战略与行动计划（GXBSAP）编制第一次专家咨询会，讨论广西 BSAP 编制工作大纲（草案）。

② 2011 年 4—8 月，草拟广西 BSAP 编制工作方案，征求 23 个部门意见后报自治区人民政府。9 月，广西壮族自治区人民政府办公厅下发了广西 BSAP 编制工作方案，BSAP 工作方案明确了在编写 16 个相关研究报告的基础上，编制《广西生物多样性保护与战略行动计划》。

③ 2011 年 11 月成立了编制工作领导小组、项目管理办公室、专题研究组和计划编写组。领导小组组长由自治区人民政府分管副秘书长担任，副组长由自治区环保厅分管副厅长担任，领导小组成员为自治区生物物种资源保护部门联席会议成员。项目管理办公室设在自治区环保厅自然生态与农村环境保护处。

④ 2011 年 12 月，广西环保厅组织召开了广西 BSAP 编制启动会。环境保护部环境保护对外合作中心带领专家团队对广西 BSAP 制定进行培训和指导。专家介绍了 PBSAP 编制指南、PBSAP 编制中的教训和经验以及生态系统方法在编制中的应用。广西 BSAP 课题组专家根据区外专家意见梳理了广西 BSAP 的思路和框架，修改并制定了广西 BSAP 的大纲。会议达成共识：广西 BSAP 编制以国家 BSAP 为重要依据，与国家各项规划和省内规划不冲突，同时还要与广西主体功能区划、海洋规划以及生态功能规划相衔接，增加了广西生物多样性相关传统知识保护与惠益分享专题研究。会议确定广西 BSAP 编制大纲，要求各专题围绕大纲开展工作，广西特色部分（石灰岩、洞穴生物、北部湾海洋生态系统、边境地区、少数民族地区）内容要在各专题中体现。

⑤ 2012 年 2 月起，项目管理办公室组织专家组讨论确定了 BSAP 17 个专题编制大纲，明确了 17 个专题的项目负责人，并将 17 个专题大纲发文给相关部门征求意见。3—5 月，与 BSAP 17 个专题组专家沟通协商，签署了 17 个专题的项目合作合同，项目合同中明确了项目负责人、编制大纲、专题编制工作方案及实施时间。6—9 月，各专题依次提交初稿。项目管理办公室多次组织专家讨论，对每个专题都提出详细的修改意见，并将修改意见反馈给专题组。10—11 月，17 个专题组陆续完成并提交专题报告的首次修改稿。

⑥ 2012 年 11 月 22 日，组织召开了广西 BSAP 编制专题研讨会，会议听取了 17 个专题报告的编制进展和取得的成果，分享编写经验。在 17 个专题研究报告基础上，组建了广西 BSAP 编制小组，根据大纲确定了编写人员，落实任务，于 2012 年 12 月初形成广西 BSAP 研究报告初稿。

⑦ 2013 年 4 月 2 日，组织相关部门和专家 50 多人召开广西 BSAP 研究文本意见咨询会。与会的相关部门代表和专家围绕研究报告提出的优先保护区域、重点任务、优先项目进行了讨论，并提出了修改意见和建议，为下一步修改完善广西 BSAP 研究报告奠定了良好的基础。

⑧ 2013 年 4 月 3 日，组织相关部门和专家对环保厅牵头负责的"广西外来入侵物种防治研究、广西生物多样性保护战略支撑体系建设、广西自然保护网络体系建设战略研究、广西生物多样性保护空缺与优先保护目标研究、广西传统知识与生物多样性惠益共享研究"5 个专题进行了评审。经过讨论和审议，5 个专题均通过评审。

⑨ 2013 年 4 月，对另外 12 个专题的责任单位包括自治区林业厅、卫生厅、水产畜牧兽医局、气象局、海洋局、农科院发文，督促其完成专题研究报告的评审。

⑩ 2013 年 5 月 25—27 日，由环境保护部环境保护对外合作中心、联合国开发计划署、广西环境科学研究院组成的项目工作组进行中期评估工作。

⑪ 2013 年 6—7 月，在 17 个专题研究报告基础上，听取了专家咨询会修改意见，BSAP 编制组专家完成了 BSAP 研究文本和报批政府简本，项目办组织发文给相关部门征求意见，并于 7 月底回收意见。

⑫ 2013 年 8 月 9 日，组织召开"广西生物多样性保护战略与行动计划编制评审会"，邀请了中央民族大学、中国科学院植物研究所、中国科学院华南植物院、环境保护部华南科学研究所、广西科学院、广西大学等区内外生物多样性领域知名专家做评审专家，参与部门包括环境保护部环境保护对外合作中心、自治区政府、自治区环保厅、国土资源厅、农业厅、林业厅、卫生厅、水产畜牧兽医局、海洋局、气象局等单位，最后全体一致通过 BSAP 研究文本和简本的评审。

⑬ 2013 年 5—10 月，自治区林业厅、卫生厅、水产畜牧兽医局、气象局、海洋局、农科院先后完成了剩余 12 个专题研究报告的评审，12 个专题全部通过专家评审。

⑭ 2013 年 9—12 月，BSAP 编制组专家在 17 个专题研究报告的基础上，完成《广西生物多样性保护战略与行动计划专题研究》（上册、下册）和《广西生物多样性区情研究报告》。

⑮ 2014 年 3 月，《广西生物多样性保护战略与行动计划（2013—2030 年）》经广西壮族自治区十二届人民政府第 21 次常务会议审议通过，在全区发布实施。

⑯ 2014 年 8 月，项目管理办公室与中国环境出版有限责任公司签署了出版合同，正式出版项目成果《广西生物多样性保护战略与行动计划专题研究》（上册、下册）和《广西生物多样性区情研究报告》。

三、成果评估

1. 成果的主要亮点或创新点

项目自 2011 年启动以来，由中央民族大学、广西大学、广西师范大学、广西民族大学、广西植物研究所、广西林业勘测设计院、广西环境科学研究院、广西红树林研究中心、广西水产研究所、广西农业科学院作物研究所、广西药用植物园、广西气候中心、广西野生动植物救护研究中心、野生动植物保护国际（FFI）等 14 个相关科研院所参与，180 多名相关领域专家用一年时间完成了 17 个专题研究报告。在编写相关研究报告基础上，编制完成了《广西生物多样性保护战略行动计划》。参与行动计划编制的主管部门包括自治区发展改革委、教育厅、科技厅、财政厅、国土资源厅、环境保护厅、住房城乡建设厅、水利厅、农业厅、林业厅、商务厅、文化厅、卫生厅、农垦局、工商局、旅游局、海洋局、水产畜牧兽医局、食品药品监管局、气象局、出入境检验检疫局等。行动计划的编制主体由生物多样性保护的各主管部门、管理者和专家共同组成，并听取非政府组织及民众意见。行动计划从生态系统、生物物种、生物遗传资源、生物多样性相关传统知识等方面描述广西生物多样性资源本底状况，分析了广西生物多样性的特点、保护现状和面临的威胁，应用 GIS 技术、GAP 和 MARXAN 等方法和模型，进行了广西自然条件分区、生物多样性保护空缺分析和保护优先区域划分，提出了广西生物多样性保护管理的对策建议，内容系统、全面，研究深入。第一次提出广西生物多样性保护的 8 大优先领域及 24 个优先行动，确定了桂西山原区、九万山区、桂北南岭地区、大瑶山—大桂山区、大明山区、桂西岩溶山地区、十万大山区、北部湾沿海地区等 8 个生物多样性优先保护区。项目成果将在近阶段成为指导广西生物多样性保护的纲领性文件，将为政府的管理和决策提供科学依据。

2. 成果的价值和已有应用

① 广西 BSAP 的编制基于广西生物多样性 17 个专题研究成果，既体现了生物多样性保护与可持续发展的主题，又突出了广西的特色，同时考虑了与全国保护战略目标的衔接和广西的实际需要。

② 广西 BSAP 客观评价了广西生物多样性保护所取得的成效和存在问题，准确分析了面临的机遇与挑战，提出了切合实际的生物多样性保护指导思想、基本原则、战略目标和战略任务。

③ 采用 MARXAN 模型等先进技术，结合专家经验，划定了 8 个广西生物多样性保护优先区域，提出了优先保护物种和遗传资源及相关传统知识，准确反映了广西生物多样性保护与管理的实际需求。

④ 确定了近阶段广西实施的生物多样性保护行动和优先项目，明确了广西生物多样性保护与管理近期工作的具体任务，具有较强的可行性和可操作性。

3. 项目设计、实施过程及项目管理中存在的经验、不足和问题

项目的成功实施离不开领导重视、政府支持和相关部门的配合。在项目启动阶段，广西壮族自治区人民政府办公厅下发了广西 BSAP 编制工作方案，明确了组织结构、实施步骤、经费筹措和工作内容。同时成立了编制工作领导小组、项目管理办公室、专题研究组和计划编写组。项目管理办公室在项目的管理和协调上扮演了非常重要角色，负责对接部门和专家、组织召开协调会议、签署合同、拟订工作计划等工作，推动了项目的顺利实施。

4. 今后进一步开展此领域研究以及加强项目管理的建议

由于广西生物多样性调查和研究起步晚，有关生物多样性的调查研究大多只限于在一些重要的自然保护区或少数领域开展，相关领域的调查研究资料不足且分散，某些领域资料缺失乃至错误难免，本项目由于资金有限，只能在现有的研究基础上收集研究资料。生物多样性基本现状需要加强后续研究和补充更新。

第四节　水利部门 BSAP 编制

项目名称：水利保护生物多样性战略与行动计划编制

一、背景

1. 意义

NBSAP 优先领域二"将生物多样性保护纳入部门和区域规划，促进持续利用"行动 4"将生物多样性保护纳入部门和区域规划、计划"中提出，"林业、农业、建设、水利、海洋、中医药等生物资源主管部门制定本部门生物多样性保护战略与行动计划"。

水是生命之源，是决定生物生长和繁殖及其生产力的关键要素，决定着生物群落的类型、分布与行为，支撑着生态系统的生存与发展。水利是生态环境改善不可分割的保障系统，通过水资源调配、水资源保护、水生态修复、水土保持等措施有效改善生态环境，进而保护生物多样性。同时，水资源的不合理开发利用会导致一系列生态环境问题，如河道断流、湖泊干涸、湿地退化和生境破碎化等，都会影响物种生存，导致生物多样性下降，这都需要加强水利管理，避免或减轻这些问题的产生。

编制《水利保护生物多样性战略与行动计划》，有利于充分发挥水利在保护生物多样性中的作用，减轻不合理水行为对生物多样性的影响，提高公众对水利在保护生物多样性中地位与作用的认识，提高水利保护生物多样性的能力。

2. 目标与内容

总任务：完成《水利保护生物多样性战略与行动计划》上报稿。

项目合同规定的任务（或活动）内容：水利保护生物多样性的成效、问题与挑战；水利保护生物多样性战略的指导思想、基本原则和战略目标；水利保护生物多样性的优先区域；水利保护生物多样性的优先领域与行动；保障措施。

3. 实施及完成时间

2013 年 3 月，项目正式启动。项目正式启动之后，承担单位水利部发展研究中心积极推进项目实施，收集整理了大量数据和资料，咨询了水利、生态等相关领域专家，赴长江上游、黑河流域、大凌河流域开展了多次调研活动。在此基础上，撰写了《水利保护生物多样性战略与行动计划》中期成果，并召开研讨会，征求相关业务司局和专家的意见。根据相关业务司局和专家意见，对中期成果进行了修改完善，形成了《水利保护生物多样性战略与行动计划》。2014年12月，环境保护部环境保护对外合作中心组织专家对项目进行了验收。

二、开展的主要活动和取得的成果

《水利保护生物多样性战略与行动计划》分为五个部分：

第一部分是"水利保护生物多样性成效、问题与挑战"。成效方面，从政策法规和规划、保障生态环境用水、水土流失治理、水生态系统保护与修复等方面总结了水利保护生物多样性的成效。存在的问题主要包括生物多样性保护和生物资源管理协作机制，以及水利支撑生物多样性保护的政策法规体系有待进一步完善；水利保护生物多样性的资金投入不足、保障机制尚未建立；部分地区水资源过度开发利用、生态用水保障不足；生物多样性友好的水利工程建设和运行技术不够成熟；水利部门生物多样性保护的能力有待进一步提高；管理人员及公众对水利在保护生物多样性中的作用认识不足。面临的挑战主要包括城镇化、工业化加速使得经济社会用水刚性需求快速增加，经济社会用水与生态用水之间的矛盾越来越凸显，污水排放量持续增加；城市建设和工业开发侵占河湖水域生态空间，水生态系统承受的压力增加；重大水利工程建设可能会改变原有物种生存的环境，影响生物多样性；气候变化影响生物物种分布和水资源时空分布，加剧水利保护生物多样性的难度。

第二部分是"指导思想、基本原则与战略目标"。指导思想：以科学发展观为指导，贯彻落实党的十八大和十八届三中全会精神，紧密围绕我国履行《生物多样性公约》和落实《中国生物多样性保护战略与行动计划（2011—2030年）》的要求，通过设置保护优先区域、完善相关政策法规、加强水利建设中的保护、保障生态环境流量、加强水资源保护、推进水生态系统保护与修复、加大水土保持建设力度、加强宣传教育和人才培养等行动，充分发挥水利在保护生物多样性中的作用，减轻不合理水行为对生物多样性的影响，提高公众对水利在保护生物多样性中地位与作用的认识，提高水利保护生物多样性的能力，推动水生态文明建设，促进人水和谐。基本原则：以人为本，人水和谐；保护为主，防治结合；因地制宜，以点带面；政府引导，公众参与。分近期和远期提出了战略目标。

第三部分是"水利保护生物多样性的优先区域"。根据国家及水利部等相关部门规划，充分考虑流域水资源分区以及水利在保护区域生态系统的重要程度、生态系统类型的代表性以及生物物种的丰富程度和珍稀濒危程度等因素，分江河源头、河口三角洲、湖泊湿地、水土流失治理和水生态系统保护与修复等五大类划定水利保护生物多样性的优先区域，并提出优先区域应采取的主要保护措施。江河源头优先区域包括嫩江源区、辽河源区、三江源区、淮河源区、珠江源区、祁连山诸河源区、天山诸河源区。河口三角洲优先区域包括黄河河口、长江河口、辽河河口、珠江河口。湖泊湿地优先区域包括鄱阳湖、洞庭湖、青海湖、居延海、台特马湖、扎龙湿地、向海湿地。水土流失治理优先区域为全国水土保持规划国家级水土流失重点预防区和重点治理区，共 40 个。水生态系统保护与修复优先区域为水利部水生态系统保护与修复试点和水生态文明城市建设试点，共 109 个。

第四部分是"水利保护生物多样性的优先领域与行动"。根据战略目标，综合确定水利保护生物多样性的 9 个优先领域及 18 个优先行动。优先领域 1 为完善促进水利保护生物多样性的政策与法律体系，包括 2 个优先行动：将生物多样性保护纳入法律法规和水利规划、健全流域综合管理体制机制以及水生态补偿机制。优先领域 2 为加强水利建设中的生物多样性保护，包括 2 个优先行动：减少大型水利工程建设对生物多样性的损害、河湖整治中着力维护河湖健康。优先领域 3 为开展水利保护生物多样性的调查、监测与评估，包括 2 个优先行动：开展河湖生物物种资源调查和信息化建设、开展水利工程对生物多样性影响的综合评估。优先领域 4 为实施水利工程生态调度、保障生态环境流量，包括 2 个优先行动：合理配置河湖生态用水、开展水利工程生态调度和生态补水试点。优先领域 5 为加强水资源保护，包括 2 个优先行动：加强水功能区和入河排污口监督管理、加强地下水保护与管理。优先领域 6 为推进水生态系统保护与修复，包括 2 个优先行动：加强重要水生态系统保护和生态脆弱河湖修复、加强水生态系统保护与修复管理规范化建设。优先领域 7 为加大水土保持建设力度，包括 2 个优先行动：加强水土流失重点防治区的管理与实施、加大生态清洁型小流域建设。优先领域 8 为加强科学研究和人才培养，包括 2 个优先行动：加强水利保护生物多样性领域的科学研究、加强水利保护生物多样性领域的人才培养。优先领域 9 为加强宣传教育并建立公众参与机制，包括 2 个优先行动：依托水利风景区等基地宣传水利保护生物多样性知识、建立公众广泛参与机制。

第五部分是"保障措施"。包括加强组织领导、落实配套政策、提高实施能力、加大资金投入、加强部门合作。

三、成果评估

1. 成果的主要亮点或创新点

项目系统梳理了水利与生物多样性保护的关系，项目研究中始终注重正确认识和把握发展与保护的辩证关系，既充分重视生物多样性保护的重要性，又要充分考虑经济社会发展对水资源开发利用的需求，贯彻落实"在保护中发展，在发展中保护"的可持续发展理念。分析了水利保护生物多样性成效、问题与挑战，明确了水利保护生物多样性的指导思想、基本原则和战略目标，围绕水利与生物多样性关系最为密切的领域，提出了水利保护生物多样性的优先区域、优先领域和保障措施。项目研究目标明确、思路清晰、结构合理、内容全面、重点突出，具有较强的前瞻性、针对性和可操作性。

2. 成果的价值和已有应用

水利工作在生物多样性保护中具有重要的地位和作用。《水利保护生物多样性战略与行动计划》一旦出台，可为我国水利改革发展中生物多样性保护提供重要参考和支撑，有利于充分发挥水利在保护生物多样性中的作用，减轻不合理水行为对生物多样性的影响。同时，《水利保护生物多样性战略与行动计划》从生物多样性保护的角度梳理水生态文明建设的相关政策和措施，是从更高层次上对水生态文明建设进行谋划，可有效促进水生态文明建设。

项目成果在《水利部关于〈全国生物多样性保护工作进展报告〉（征求意见稿）的意见》中得到应用；为水利部参加生物物种资源保护部际联席会议第七次会议暨2014年中国生物多样性保护国家委员会预备会上，提供了重要参考。

（王爱华　杜金梅）

第四章　生物多样性在国家规划和计划中主流化

第一节　生态红线划定技术方法

项目名称：生态保护红线划定技术方法和省级行政区生态保护红线边界核定技术规程研究

一、背景

1. 意义

随着多年来工业化和城镇化进程快速推进，我国生态环境形势日益严峻。我国已建的各级各类自然保护区、生态功能区、主体功能区、生物多样性保护优先区等保护地存在着空间重叠、布局不够合理、保护效率不高的局面。在此背景下，为强化国家生态保护，我国首次从国家层面提出了划定生态保护红线的重要战略任务，但生态保护红线划定工作面广、量大，组织实施与实际操作十分复杂，特别是生态红线边界必须落到实地，需要高效的技术支撑、大量的数据支持和详细的野外核查工作。鉴于以上情况，"CBPFIS 项目"在项目成果 3 下开展本项研究，旨在加强全国生态保护体系的空间优化，为各地生态保护红线落地与管理提供技术指导。

2. 目标

总结国内外生态红线划定相关经验做法，基于试点省份生态保护红线划定工作实践，建立适用于不同地域的生态红线划定改进技术方法体系；针对全国生态保护红线划分建议方案，研究制定省级行政区生态保护红线边界核定技术规程，优化构建我国国土生态安全格局；提出适合我国国情的生态保护红线监管对策建议，为推进全国生态保护红线划定与管理提供技术支持。

3. 任务

活动 1：国家生态保护红线与生态保护体系研究

根据我国现有各类生态保护地划分与管理现状，分析保护地在国家生态安全保障中发挥的作用和存在的问题，结合国际生态保护地管理经验，提出我国生态保护红线建议方案，在此基础上以构建生态安全格局为目标，建立适合我国国情的国家生态保护体系。

活动 2：生态保护红线边界落地技术研究

针对国家提出的生态保护红线划分建议方案，选取不同类型生态保护红线划定的典型区域，开展生态保护红线综合制图、实地勘验及信息管理技术与方法，研究提出省级行政区生态保护红线边界落地技术规程与操作手册，为各省生态红线落地提供实际可操作的技术支撑。

活动 3：生态保护红线监管对策研究

根据国家关于"划定并严守生态保护红线"的最新精神和地方实施生态红线严格保护与管理的实际需求，针对不同层级、不同类型生态保护红线，研究我国现有各类保护地管理制度现状与问题，从监测评估、管理措施、环境准入、生态补偿、绩效考核等方面提出生态保护红线管理对策，为改革生态环境保护管理制度提供决策依据。

4. 实施及完成时间

本项目自 2014 年 8 月启动，通过文献资料收集、典型省份调研、技术方法研究与案例分析，经过一年多时间，完成了项目既定目标任务。2015 年 9 月 18 日，项目通过中期验收；2015 年 11 月 9 日，项目通过终期结题验收。

二、开展的主要活动和取得的成果

1. 活动 1 主要工作和取得的成果

本项研究根据我国现有各类生态保护地划分与管理现状，分析保护地在国家生态安全保障中发挥的作用和存在的问题，结合国际生态保护地管理经验，以构建生态安全格局为目标建立了适合我国国情的国家生态保护体系。国家生态保护体系主要包括重点生态功能区、生态脆弱区、生物多样性保护区三种类型。重点生态功能区保护体系的组成有《全国主体功能区规划》中确定的 25 个重点生态功能区和《全国生态功能区划》中确定的 50 个重要生态功能区，另外还包括利用一定的模型在全国尺度上进行水源涵养功能、土壤保持功能、防风固沙功能评价基础上，选定的部分生态功能极重要区。生态脆弱区的确定是结合了《主体生态功能区规划》《全国生态功能区划》《全国生态脆弱区保护规划纲要》提出的生态脆弱区，以及通过开展全国生态脆弱性综合评价提出的全国生态脆弱区的空间范围。生物多样性保护区生态保护体系包括生物多样性保护重点生态功能区、生物多样性保护重要生态功能区、重点（国家级）自然保护区等。

根据国家相关规划、区划中已经确定的生态功能区，结合生态功能评估结果，提出了国家生态保护体系主要构成。① 重要生态功能区保护体系：全国尺度共划分了 60 个重要生态功能保护区，包括水源涵养、水土保持和防风固沙等功能区类型，面积 548.48 万平方千米，占全国陆域总面积的 57.13%。② 生态脆弱区保护体系：全国尺度划定了 18 个生态脆弱区，包括 4 个生态脆弱类型，分别是水土流失脆弱区、土地沙化脆弱区、石漠化脆弱区和低温寒冻脆弱区等，总面积 219.5 万平方千米，占陆域国土面积的 22.86%。海洋生态脆弱区红线主要包括海岸带生态保护红线和近岸海域生态保护红线，总面积为 6.84 万平方千米。③ 生物多样性保护区保护体系：我国生物多样性保护的重点区域共 29 个，总面积 329.30 万平方千米，占国土总面积的 34.30%。全国国家级自然保护区中，以森林生态、内陆湿地、荒漠生态、野生动物、海洋海岸等生物多样性保护为主的 348 个，总面积 93.82 万平方千米，占国土总面积的 9.77%。

2. 活动 2 主要工作和取得的成果

针对国家提出的生态保护红线划分建议方案，选取不同类型生态保护红线划定的典型区域，开展了生态保护红线综合制图、实地勘验及信息管理技术与方法，研究提出了省级行政区生态保护红线边界落地技术规程与操作方法。

① 提出了生态保护红线边界室内边界落地步骤和技术程序，以最新时相的高精度遥感影像和土地利用数据为底图，将生态保护红线评估结果与底图进行叠合，通过数据融合等处理，整合细碎斑块、剔除建设用地，修正和确定生态保护红线图上边界，作为现场边界核查的图件依据。

② 研发了生态保护红线地面边界落地技术，包括核查准备、核查路线选择原则、核查点的分类处理方法、野外作业规范、野外实测技术等。

③ 提出了边界修正技术方法，根据边界核查结果，在 ArcGIS 软件中，将初步划定的生态保护红线矢量数据与高精度遥感影像叠加，并参考各类规划相关数据，采用交互式矢量化的形式，认真比对工作底图，跟踪相关地图要素，在此基础上，调整红线边界。

④ 研究制定了生态保护红线区块登记表标准格式，生态保护红线区块登记表须包含以下特征信息：分布、面积与范围、自然环境状况、经济社会状况、主要生态问题、分块管控措施。

⑤ 提出了生态保护红线落地方案分析技术方法：a. 将建议方案数据与土地利用数据进行叠加分析，选取建议方案范围的土地利用数据多边形范围；b. 将范围内的土地利用数据扣除掉非生态保护用地；c. 对于建议方案边界处的土地利用数据，采用边界外大于 60%、边界内小于 40% 的多边形予以扣除；d. 对于扣除完的土地利用数据，将面积小于 0.1 公顷的零碎小多边形进行删除；e. 将上述处理的土地利用数据进行边界提取，得到基于土地利用数据的生态保护红线范围。

3. 活动 3 的主要工作和取得的成果

本项研究深入开展了西方发达国家生态保护地体系划分与管理方面调查研究，以及我国国土、住建、林业、水利、海洋等相关行业部门在"红线"划分与管理开展的工作经验，总结提出了适用于我国生态保护红线管理的借鉴经验：

① 国际上各国非常重视自然生态保护地建设和管理，很多国家通过立法加强对自然生态保护园区体系的建设和管理，完善的法律体系明确了管理的授权和责任归属。

② 各国政体不同，但都建立了适合自己国情的自然生态保护地管理体制，大部分国家的自然生态保护园区由一个部门主管，且多由生态环境部门管理各类自然生态保护地。

③ 大部分国家的自然生态保护地体系均由统一的部门监督管理各类自然生态保护园区，从而便于统一监管、评估和统一规划。

④ 从江苏、天津、深圳等发达地区省市先行先试的经验来看，立足高精度数据基础，通过实地勘定、多部门和政府协调等方式，实现了大比例尺地图成果，使红线真正落地，同时在红线管理上大多采取分类分级管理的模式。

在总结借鉴国内外生态保护红线管理经验的基础上，本项研究提出了国家生态保护红线管理的整体架构，可以从以下三个方面来体现：第一是"管理定位"（管什么），生态保护红线是依法在重点生态功能区、生态环境敏感区和脆弱区等区域划定的严格管控边界，因此管理对象是生态保护红线所包围的区域。第二是"管理手段"（怎么管），国家围绕生态环境准入负面清单、生态补偿、绩效考核和监管平台等重要制度安排（"3 + 1"制度），探索建立源头严防、过程严控、后果严惩的管理制度体系。第三是"管理主体"（谁来管），地方各级人民政府是生态保护红线划定、监督和管理的主体，负责将生态保护红线落地，制定保护和监测方案，开展日常监管；同时各有关部门按照主体责任不改变的原则，依照法律法规规定和职责分工，对红线区域共同实施监管职责。

三、成果评估

1. 成果的主要亮点或创新点

① 本项目基于全国生态保护红线建议分布范围，结合现有国家重要生态区域规划与区划，以重要生态功能保护、生态脆弱区保护和生物多样性保护为目标，提出了宏观大尺度的国家生态红线与生态保护体系方案，为科学构建国家生态安全提供了参考依据。

② 本项目以省级行政区为基本单元，采用遥感与地理信息系统等空间分析技术，结合生态保护红线边界落地的管理需求，建立了天地一体的边界核定技术与方法，初步形成了生态保护红线边界核定技术规程，部分研究成果被纳入《生态保护红线划定技术指南》（环发〔2015〕56 号）。

③ 本项目系统调研了国内外生态保护相关经验与教训，本着"事前严防、事中严管、事后严惩"的基本原则，提出了分区分类、生态补偿、绩效考核、项目准入等方面的生态保护红线管理对策，为国家建立并实施最为严格的生态保护红线制度提供政策依据。相关政策建议还为福建、河南、山东等省份生态保护红线管控政策制定提供了科学参考。

2. 成果的价值和已有应用

本项研究撰写学术论文 3 篇，均已被《生物多样性》期刊录用；边界核定等技术成果纳入《生态保护红线划定技术指南》；生态保护红线边界核定技术方法为河北、山西、青海、福建等多个省份采纳使用；相关政策建议为典型省域（福建、河南、山东等省份）生态保护红线管控政策制定提供了参考依据。研究结果对推动生态保护红线划定工作、促进红线落地、构建生态安全格局、落实主体功能区规划战略具有重要意义。

3. 项目设计、实施过程及项目管理中存在的经验、不足和问题

首先，本项目与国家生态保护红线划定任务实施有机结合。原环境保护部高度重视全国生态红线划定工作，自 2012 年以来不断推进生态红线划定工作，先后开展了全国技术研讨、立项研究、试点划分、技术培训等工作，而当前生态保护红线落地进入一个关键期，亟须多方面、多领域配套技术与政策支持。本项目的开展为推进全国生态保护红线划定工作提供了有力支持。其次，本项目与地方实际应用和管理实践相结合。在研究生态保护红线边界落地技术后选择典型省份开展应用，提出了生态保护红线管理框架方案，为指导地方生态保护红线落地工作提供了技术依据。

4. 今后进一步开展此领域研究以及加强项目管理的建议

生态保护红线是国家的一项重要生态保护战略，为全面有序推进生态保护红线划定工作，需要建立健全严守生态保护红线的管控体系，今后需多开展围绕生态保护红线管理制度的相关研究。

四、附件：相关的重要图片和照片

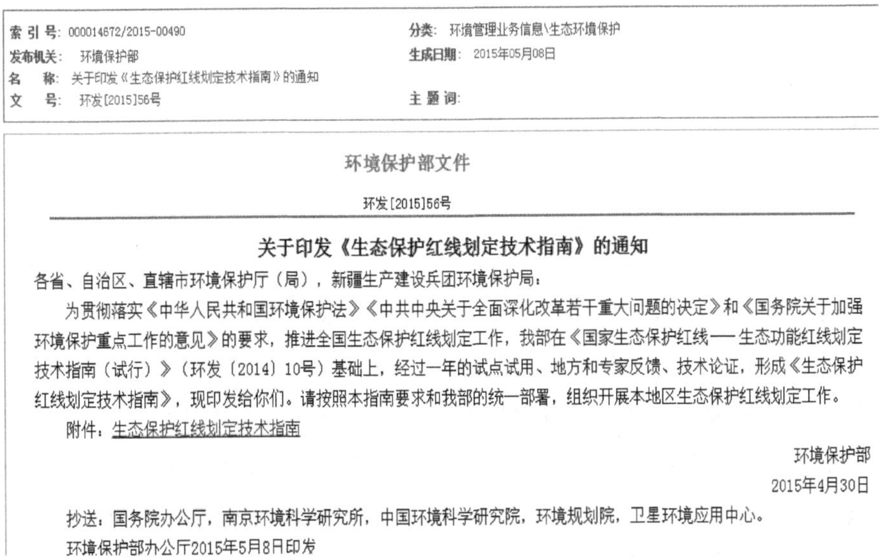

索 引 号：000014672/2015-00490　　分类：环境管理业务信息\生态环境保护
发布机关：环境保护部　　生成日期：2015年05月08日
名　　称：关于印发《生态保护红线划定技术指南》的通知
文　　号：环发[2015]56号　　主 题 词：

环境保护部文件

环发[2015]56号

关于印发《生态保护红线划定技术指南》的通知

各省、自治区、直辖市环境保护厅（局），新疆生产建设兵团环境保护局：

为贯彻落实《中华人民共和国环境保护法》《中共中央关于全面深化改革若干重大问题的决定》和《国务院关于加强环境保护重点工作的意见》的要求，推进全国生态保护红线划定工作，我部在《国家生态保护红线——生态功能红线划定技术指南（试行）》（环发〔2014〕10号）基础上，经过一年的试点试用、地方和专家反馈、技术论证，形成《生态保护红线划定技术指南》，现印发给你们。请按照本指南要求和我部的统一部署，组织开展本地区生态保护红线划定工作。

附件：生态保护红线划定技术指南

环境保护部

2015年4月30日

抄送：国务院办公厅，南京环境科学研究所，中国环境科学研究院，环境规划院，卫星环境应用中心。

环境保护部办公厅2015年5月8日印发

图 4-1-1　环境保护部网站信息

第二节　生态红线划定技术方法

项目名称：生物多样性保护红线省级试点边界落地与管控制度研究

一、背景

1. 意义

作为人类生存基础的生物多样性正在遭受越来越严重的威胁。尽管全球生物多样性恶化的趋势早已引起国际社会广泛的关注，有关国际组织和各国政府为此已做出了巨大努力。但是目前，整个世界生物多样性保护的现状仍然是：局部有所扭转，总体仍在恶化，形势比较严峻，全球有 15 000 多个物种正在消失（IUCN，2004）。我国濒危或接近濒危的高等植物达 4 000 ～ 5 000 种，占我国高等植物总数的 15% ～ 20%。联合国《濒危野生动植物种国际贸易公约》列出的 740 种世界性濒危物种中，我国占189 种，为总数的 1/4。因此，加强我国生物多样性的保护和管理已显得十分紧迫。

在此背景下，为强化生态保护，"全球环境基金中国生物多样性 CBPF 框架——机构加强与能力建设优先项目"（以下简称"CBPFIS 项目"）项目文件要求"推动生物多样性在主体功能区划中的主流化"。划定红线是在主体功能区划的基础上制定具体的管理措施和标准对重要生态功能区进行保护，更有效地处理保护和开发的矛盾。鉴于以上情况，拟在项目成果 3 下开展"生物多样性保护红线省级试点边界落地与管控制度研究"。

生物多样性保护红线边界落地与管控制度研究在全国仅有部分省区在开展试点工作，宁夏作为试点省份率先开展了该项工作的研究与探索，为全区生态保护红线的划定与落地工作提供了一定的参考和借鉴之处。

开展生物多样性保护红线划定工作，可以全面了解和掌握全区各市县生物多样性及保护现状，能够明确重点保护物种和重点关注区域，为宁夏生物多样性保护、管理提供科学依据，更好地发挥宁夏物种资源的生态价值、科学价值和经济价值。

宁夏作为全国少有的几个回族聚居地之一，尽管国土面积较小，但是物种资源丰富，尤其是体现生物多样性保护与利用的传统作物、畜禽品种资源、药用种质资源等较为丰富，在划定过程中，将这些位于保护区之外的极小种群及其生境也纳入红线范围，对保护这些物种具有重要意义。

项目最终形成的成果为自治区"十三五"生物多样性保护重大工程的实施奠定扎实的基础；同时，也可为生态保护红线的划定提供借鉴和参考。

2. 目标

项目应达到的总体目标为：基于宁夏回族自治区生态保护实际，紧密结合国家生态保护红线划分的总体要求，建立宁夏生物多样性保护红线划定与落地的实施方案，完成生物多样性保护红线划定边界落地工作；研究目前宁夏生物多样性保护红线方面的管控措施，提出生物多样性保护红线制度建设的对策建议。

3. 任务内容

本项目规定的任务主要有提交宁夏生物多样性保护红线省级试点边界落地与管控制度研究报告、生物多样性保护红线图册、生物多样性保护红线信息表等。

（1）宁夏生物多样性保护红线省级试点边界落地与管控制度研究报告

详细描述红线划定过程及结果，包括宁夏生物多样性及保护现状、红线划定方法、红线核查与落地方法、建立生物多样性保护红线管控制度的对策建议等。

（2）生物多样性保护红线图册

主要包括生物多样性保护红线总图、各类生物多样性保护红线分布图等红线图；自然保护区、风景名胜区等禁止开发区分布图、重要植物资源分布图、重要动物物种及其栖息地分布图、重要湿地分布图等基础图集。

（3）宁夏生物多样性保护红线信息表

包括每块红线的地理位置、面积、生态系统类型、保护对象、存在问题、管控措施等。

4. 实施及完成时间

项目合同起止时间为 2015 年 3 月—2016 年 3 月。

项目完成时间为 2016 年 1 月。

二、开展的主要活动和取得的成果

1. 完成的主要工作

（1）第一阶段工作

全面收集、整理已有相关资料，对各类保护区进行摸底调查和实地踏勘。根据保护区类型和课题任务共分为 3 个工作组，充分与农牧厅、水利厅、林业厅、各保护区管理机构等进行对接，收集、整理、获取第一手资料，并对保护区开展实地调查，共实地调查了 10 个自然保护区、4 个森林公园、3 个风景名胜区、15 个湿地及湿地公园、2 个畜禽资源保种场，获得了大量的文字和图件资料。主要有：

① 影像资料：购买覆盖全区的高分辨率卫星影像。

② 图件资料：1∶5万基础地理信息数据、三规合一图件、自然保护区分布图、地质公园分布图、湿地公园分布图、森林公园分布图等。

③ 文本资料：宁夏主体功能区划、宁夏空间发展战略规划、宁夏生态保护与建设规划、宁夏环境功能区划等区划规划，自然保护区科学考察报告，湿地资源调查报告等。

（2）第二阶段工作

室内资料分析与研究，开展初步划定工作。对收集的第一手资料进行吸收、消化与研究，同时，完善各类红线信息表，共计填写各类红线信息表约50份。在此基础上，识别与确定红线范围，初步划定红线边界。数据处理的相关工作情况为：

1）遥感影像数据预处理及解译

遥感影像能够真实清晰地反映地貌与地物信息，将矢量数据与影像叠加，便于高效、高质地数据检查和边界调整。影像处理包括影像的几何纠正、辐射矫正、配准、匀色和图像镶嵌等。对处理好的遥感影像采用计算机自动解译或者目视解译的方法对宁夏土地利用类型进行解译，尤其是对森林、灌丛、湿地等生物多样性丰富的地区详细划分，对城市、农田土地利用类型等可以粗划。

2）相关资料的数字化

对有矢量边界的图件如自然保护区等直接将矢量图层落地，对于没有矢量图层的图件如森林公园、风景名胜区等进行扫描、校正并数字化其边界，对没有图件只有文字描述的区域则根据文字提供的道路、水系、经纬度等信息在底图上勾绘边界。对特殊物种分布区借助高分辨率遥感影像勾画其边界范围。

3）空间叠加

对各类红线在地理信息系统中进行拓扑关系检查并通过叠加、融合等确定数据的完整性、准确性和逻辑一致性，最后利用高分辨率卫星影像对红线内的居民点、农田、建设用地进行扣除，完成初步的生物多样性保护红线划定方案。

（3）第三阶段工作

红线边界核定与成图：重点对初步划定的生物多样性保护红线边界不清、存在争议的红线区域开展二次现场勘查，勘定生物多样性保护红线详细边界，并修改完善。

1）边界核查、修订与落地

重点对初步划定的生物多样性保护红线边界不清、存在争议的红线区域开展现场勘查，调查收集红线区域的基本信息，根据实地调查与GPS定位，勘定生物多样性保护红线详细边界，将红线划定结果征求各市政府、相关部门和专家的意见，并修改完善。

2）空间制图

将已初步划定形成的生物多样性保护红线经过核查和修改后，进行成图工作。图层包括红线范围、名称等专题图层以及行政界线、交通、水系等基础地理信息图层，制图参照《生态红线划定技术指南》要求进行。

3）质量保证

为了保证红线划定结果达到要求，采取逐步、逐阶段检查控制，检查内容包括影像的纠正精度，解译精度，空间定位系统的正确性、是否采用统一的坐标，图层属性数据是否完备、准确，彩图的色彩是否一致等。

（4）第四阶段工作

管控制度体系研究，主要工作是：开展生物多样性保护立法现状调查，找出我国及地方立法中存在的主要问题，形成生物多样性保护红线管控制度体系（见图4-2-1），为生物多样性保护红线管控制度的建设提供参考依据。

提出生物多样性保护红线管控制度对策建议。在现有生态保护与管理体制下，研究宁夏生物多样性保护红线管控措施、生态补偿与绩效考核办法，为建立起适合宁夏实际的生物多样性保护红线管控制度体系提供对策建议。

完善法规体系，开展生物多样性保护红线保障机制研究。加强生物多样性政策研究，完善与生物多样性保护相关的地方法律法规，制定配套实施细则和政策措施，建立相关的政策法规保障体系，为宁夏不同类型生物多样性保护红线管控措施的建立提供对策建议。

完善生态补偿机制与绩效考核办法，开展红线保护考核评价体系研究，主要包括完善生态补偿制度的法律保障、逐步实现生态补偿标准化、生态补偿动态化管理、逐步实现多元化补偿方式和生态补偿管理的规范化。

为生物多样性保护红线的管理提出对策建议。根据宁夏生物多样性保护红线的划定结果，提出红线管理的相关建议和对策。

（5）第五阶段工作

报告编写与补充完善：

① 编制研究报告，初步形成相关成果。在前期大量工作的基础上，编制完成研究报告初稿，并汇总各类成果。

② 征求相关部门及专家意见。为了提高研究报告的编制水平和红线划定的合理性、科学性，2016年3月自治区环境保护厅自然生态保护处将《〈生物多样性保护线省级试点边界落地与管控制度研究〉结题报告》及相关成果印发，公开征求相关厅局及部分专家的意见和建议，为通过最终验收奠定基础。

2. 已取得的成果

通过本课题研究，得到了以下主要成果：

①《〈生物多样性保护线省级试点边界落地与管控制度研究〉实施方案》。

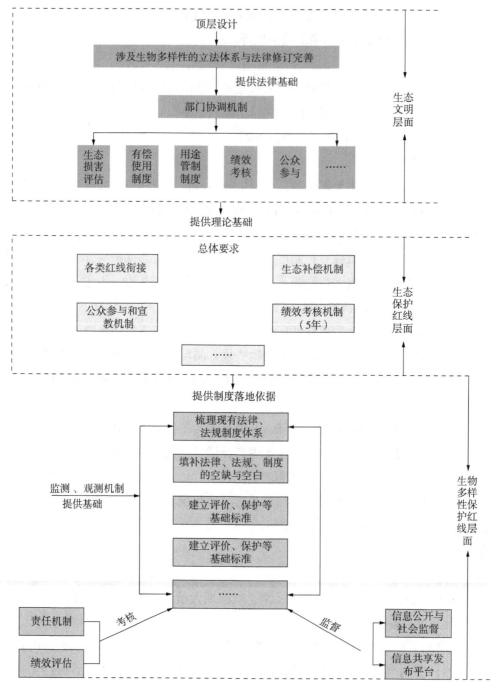

图 4-2-1　生物多样性保护红线管控制度体系框架

②《生物多样性现状调查及评价报告》《生物多样性保护红线信息表》等。

③《〈生物多样性保护红线省级试点边界落地与管控制度研究〉结题报告》。

④《〈生物多样性保护红线省级试点边界落地与管控制度研究〉图集》等。

三、成果评估

1. 成果的主要亮点或创新点

通过课题研究，在以下几个方面进行了探索和尝试。作为生物多样性保护红线省级边界落地与管控制度研究的试点省份，在课题的整个研究过程中有如下几点创新：

（1）提出了生物多样性保护红线划定范围可动态变化和滚动发展的原则

在生物多样性保护红线划定原则中提出了"红线划定可动态变化和滚动发展"的原则，根据物种栖息地的变动、生境的变化及保护需求等适时进行优化调整。将新建立的监测区、优化调整的保护区等信息实时进行更新，并纳入红线范围内。

（2）生物多样性保护红线范围的识别与确定

在识别生物多样性保护红线范围时，根据不同红线区特点进行筛选。

① 生物多样性保护优先区红线范围识别与确定。生物多样性保护优先区涉及范围广、跨行政区域多，若全部将其直接纳入红线范围，既不符合实际情况也难以落地。因此，该类红线的确定是先进行生物多样性保护重要性评价，在评价的基础上，将评价等级高的区域纳入红线范围。最后确定的范围是生物多样性保护重要性高及对维护生物多样性有重要作用的区域（如水源涵养区、水土保持区和防风固沙区等）。

② 自然保护区红线范围识别与确定。划定时，地质遗迹保护类的自然保护区酌情考虑或不予以考虑。

③ 风景名胜区划定时，以人文景观为主的保护区未予以考虑。

④ 森林公园红线范围识别与确定时，与自然保护区重叠的不再划定，全部纳入自然保护区红线范围内。

⑤ 国家级水产种质资源保护区识别与划定时，将正在申请的清水河原州区段黄河国家级水产种质资源保护区也纳入红线，具有一定的前瞻性。

⑥ 将宁夏特有的优良畜禽种质资源、药用植物资源等划入红线保护范围，可以更好地保护这些地方特有物种（如六盘齿突蟾、滩羊、中卫山羊、灵武黑山羊、静原鸡、四合木、枸杞、发菜等）。

（3）划定方法、技术路线的创新

划定时，提出了分类划定的方法。根据现有保护区的功能定位、分区情况进行划定，一类区包括应严格保护的核心区、缓冲区、核心生态区等；其他区域划为二类区。一类区属于绝对保护区禁止任何形式的开发建设活动；二类区应实行负面清单管理制度，根据红线区主导生态功能维护需求，制定禁止性和限制性开发建设活动清单，确保二类管控区用地性质不转换、生态功能不降低、空间面积不减少。

（4）管控制度的创新

① 分类分区管理制度：在生物多样性保护红线的管理和保护方面，参考生态保护红线的管理制度，提出实行分类管理的对策，根据生物多样性保护的重要性程度和空间分布特征，实行差异化的管控措施。

② 管理机构的设置，提出邻近代管机制：主要是依托现有自然保护区、风景名胜区、森林公园、湿地等管理机构、管理制度、条例，完善现有不足。建立以县政府牵头负责保护的机制、制度；距离现有保护区较近的，委托现有的保护区管理机构，并完善机制；管理机构名存实亡的，提出加强管理或重新建立机构的对策建议。同时，通过建立新的保护小区、保护点等措施完善现有管理机制和管理机构。

2. 成果的价值和已有应用

① 为自治区"十三五"生物多样性保护重大工程的实施奠定扎实的基础。"十三五"时期，宁夏生物多样性保护开展的重大工程主要有生物多样性观测样区建设工程、陆地生物多样性综合观测站建设工程、生物多样性遥感观测体系建设、生物多样性就地保护建设（如生物廊道、重要/濒危物种保护小区建设等）、生物多样性迁地保护建设（国家级药用植物遗传资源保存园、动植物园体系建设等）等一系列工程。本项目的开展，对"十三五"时期生物多样性保护重大工程的实施具有重要的借鉴意义。

② 项目形成的相关成果，为目前正在开展的全区生态保护红线的划定提供借鉴和参考，同时本项目获得的大量一手资料为生态保护红线的划定提供了基础资料。

3. 项目设计、实施过程及项目管理中存在的经验、不足和问题

试点工作的开展得到了区内相关业务部门的大力支持，组织工作较为顺利。由自治区环境保护厅生态处统筹与协调，成立了以宁夏环境科学研究院为主，联合原环境保护部南京环科所、宁夏大学、各保护区管理局等单位组成的技术小组，为生物多样性保护红线的划定和边界落地奠定了基础。但在课题研究过程中，也遇到了一些实际问题。

（1）红线划定问题讨论

① 生物多样性保护红线范围涉及的管理部门众多，红线落地与管控存在一定困难，需要各部门加强沟通与协调，以利于生物多样性保护红线的落地工作。

② 植物的生境落地困难，尤其是保护区之外分布的极小种群野生植物的红线落地与管控，建议在就地保护小区、保护点的建设和管理以及开展多种形式的民间生物多样性就地保护等方面开展后续研究。

③ 除了受威胁程度较高的物种，一些分布区极为狭小的狭域种、地方特有种、经济价值较高但未受到保护的野生物种资源、未被科学家关注的地方特殊物种等，也都

应该受到足够的重视。例如，遗传资源中的农作物种质资源、果树和林木种质资源、药用和观赏性植物资源以及部分畜禽种质资源等，多数是零散、点状分布的，这些领域也是保护生物多样性研究的一个非常重要的议题，建议在省级尺度以下更小尺度的红线划定工作中，给予更充分的考虑和保护。

④ 从种类上看，本次生物多样性保护红线的划定中考虑的物种主要集中在高等植物、脊椎动物等，对微生物、低等植物、昆虫类等未涉及。受全区财力、物力和人力等方面的限制，上述生物多样性本底现状调查数据较为缺乏，使得本次研究工作具有一定的局限性。

因此，为全面、系统掌握宁夏生物多样性本底，建议全区所有相关部门（环保厅、农牧厅、水利厅、林业厅等）通力合作，系统摸清生物多样性本底现状，从而使生物多样性保护红线的划定更完善、更合理，为管理和决策部门提供有力的技术支撑。

（2）红线管控的问题讨论

① 保护红线的划定只是第一步，而能不能守得住、能不能管得住才是生物多样性保护工作需要面临的艰巨挑战。在现有各类生态保护地管理方面，自然保护区、风景名胜区、地质公园等均已发布实施相关法律规定，规定了生态环境保护的具体条款和要求，生物多样性保护红线作为一个新生事物，与之相配套的产业环境准入标准、人口与企业退出机制、自然资源资产产权和用途管制、生态补偿、绩效考核等诸多政策导向尚未完全明确。因此，如何与现有各类生态保护地的管控措施相衔接、如何处理好生态保护与经济发展之间的矛盾、如何实施红线管控绩效考核制度等问题都亟须解决。

② 生物多样性保护红线的管控，同样需要不断探索，下一步应在以下工作领域继续深入探讨和研究：第一，建立协调统一的工作机制。充分发挥各部门的主观能动性，各级政府应将工作重心放在红线的边界落地和管控落地。第二，制定科学完善的配套政策。为实施最为严格的保护红线制度，须尽快制定与红线划定和管理相匹配的配套政策，具体包括生态保护红线管理办法、绩效考核办法和生态补偿办法等。第三，建立天地一体化的监管体系。整合现有各类生态监测技术手段与方法，建立全区保护红线天地一体化监管平台，加强生态及物种监测、日常监控和定期评估，严密监控人为活动对红线的扰动。第四，提高对严守保护红线的"再认识"。切实加大红线体系的宣传教育力度，促进各个阶层共同参与保护红线划定与监管的积极性和主动性。

4. 今后进一步开展此领域研究以及加强项目管理的建议

① 结合"十三五"生物多样性保护重大工程的实施，完善生物多样性保护物种类

别，将微生物、昆虫等进一步纳入红线范围；同时，进一步开展管控制度体系研究，建立科学合理的生物多样性保护红线管控体系。

② 与自治区生态保护红线已初步开展的工作和阶段性成果进行充分对接，为生态保护红线的划定提供技术支撑和借鉴。

③ 生物多样性保护红线的划定工作是一项专业性、技术性、综合性较强的工作，对技术人员的专业素质要求较高，建议对西部经济欠发达地区加大专业技术支持力度，提高科研水平和质量。

第三节　重点生态功能区红线划定落地省级试点

项目名称：重点生态功能区保护红线划定省级试点边界落地与管控制度研究

一、背景

1. 意义

通过开展重点生态功能区保护红线边界落地工作，并研究制定适合试点省份实际的管控措施与制度政策建议，为全国不同行政层级生态红线划定与长效管护积累经验，确保生态保护红线划定的合理性与可行性、红线管控的协调性与可操作性。

2. 目标

① 基于试点省份生态保护实际，紧密结合国家生态保护红线划分的总体要求，建立本辖区重点生态功能区保护红线划定与落地的实施方案，完成重点生态功能区保护红线边界落地工作。

② 研究制定适合本辖区实际的重点生态功能区保护红线管控措施，提出重点生态功能区保护红线制度建设的对策建议，为划定并严守生态红线提供科技支撑。

3. 任务内容

（1）制定试点省份重点生态功能区保护红线落地实施方案

以本辖区生态保护与管理现状为基础，在国家生态保护红线划定总体要求指导下，建立重点生态功能区保护红线落地技术方法体系，明确目标任务、组织实施形式及责任分工，制定详细的重点生态功能区保护红线落地实施方案。

（2）试点省份重点生态功能区保护红线边界核定

根据已确定的实施方案，以"上下结合"的原则，重点研究重点生态功能区保护红线边界核定、现场勘查、空间制图等关键技术与方法，完成辖区范围内重点生态功能区保护红线边界落地，并进一步验证边界落地技术的可操作性。

（3）试点省份重点生态功能区保护红线管控制度研究

在现有生态保护与管理体制下，深入研究试点省份重点生态功能区保护红线管控措施、生态补偿与绩效考核办法，建立适合试点省份实际的重点生态功能区保护红线管控制度体系。

4.实施及完成时间

项目实施及完成时间：2015 年 5 月—2016 年 4 月。

二、开展的主要活动和取得的成果

1.活动 1 主要工作和取得的成果

制定了试点省份重点生态功能区保护红线落地实施方案，明确主要工作内容，确定了"自上而下、自下而上"相结合的组织实施方式，成立重要生态功能红线划定技术组、各地市勘界工作组和专家咨询组，并明确责任分工。

湖北省作为试点省份，将延续生态红线划定工作的组织机构设置方案，继续推动生态红线落地工作。具体组织机构设置方案如下。

（1）以省环境保护委员会为平台组建工作专班

以省环境保护委员会为平台组建工作专班，主要参与部门和单位是：湖北省国土资源厅、湖北省住建厅、湖北省水利厅、湖北省农业厅、湖北省林业厅、湖北省交通厅、湖北省测绘地理信息局、全省 17 个地市州（林区）人民政府。

（2）各部门工作分工

生态保护红线划定工作是一项系统工程，涉及全省 17 个地市州（林区）、多个部门，面广量大，各类保护目标分属不同部门管理，划定过程需要地方政府及省直各部门的紧密协作，具体分工如下：

省环保厅：作为总牵头单位负责整体推进与协调工作，组织部门和专家对划定的红线区进行论证，协调、核定争议边界。为保障全省生态保护红线划定工作的顺利推进，省环保厅将根据工作进展，定期召开联络员工作调度会，通报工作进展情况，查找发现和协调解决工作中存在的困难和问题，有针对性地部署安排下一阶段的工作。联络员由各地市、州、直管市、神农架林区政府分管副秘书长和省直部门相关处室主要负责人组成。

省国土厅：提供第二次全国土地调查相关数据等资料。

省交通厅：负责审核把关全省生态保护红线与交通路网建设及规划的协调性。

省林业厅：提供国家级生态公益林红线的矢量化边界，完成边界核查工作，并提出相应类型生态保护红线管控要求。

省水利厅：结合专业资料核定技术部门划分的水源涵养重点生态功能服务区红线，并提出相应类型生态保护红线管控要求。

省测绘地理信息局：负责提供最新1∶1万全省基础地理信息数据。

各地市、州、直管市、神农架林区、县（区）政府：成立相应的工作组，负责辖区生态保护红线划定工作统筹、协调。具体负责核实技术组提出的红线划定各阶段成果，针对辖区实际情况，提出修改完善建议。会同省直相关部门共同做好红线边界落地核查工作。

省环科院及相关科研院所：作为生态保护红线划定技术支持单位，负责制定生态保护红线图件编绘标准，汇总整合省直相关部门提交的主管各级各类保护区边界标准图件数据。负责饮用水水源保护红线的划定工作；编制全省生态保护红线图集和说明报告；研究制定湖北省生态保护红线配套管控政策。

（3）专家组

专家由环保厅、发改委、国土厅、住建厅、水利厅、农业厅、林业厅、交通厅、测绘局等相关厅局各推荐1～2名专家组成，专家组组长由环保厅专家出任，主要负责国家/省级生态红线划定指标体系构建、落地方案拟定以及管控措施研究等技术工作。

2. 活动2完成的主要工作和取得的成果

制定了生态功能区保护红线边界核定流程，明确数据要求、基本原则、操作步骤及成图要求等。

关于边界核定流程：以最新时相的高分辨率遥感影像为底图，结合土地利用数据，对理论划分的生态功能红线分布图进行边界预处理，形成切合实际、边界清晰，生态完整性与景观连通性较好的生态红线地图，为现场踏勘提供工作参考图件。依据生态功能红线工作参考地图，开展重点生态功能区生态保护红线地面调查与监测，查清生态保护红线区域相关基础信息，识别生态保护关键区域。根据调查监测结果，开展生态功能红线边界踏勘，确定生态功能红线拐点坐标，形成生态保护红线实际分布地图。汇总生态功能红线地面勘界成果，建立生态红线地块信息档案。针对生态保护红线与土地利用等经济社会发展规划不一致情况，采用专家论证、部门商讨等方式审定边界，形成生态保护红线划定图件。

关于勘界的数据要求：勘界工作应尽量收集红线及其周边区域的最新高分辨率卫片或者航片资料，为确保勘界的精度，影像空间分辨率要求在5米以内，地形图数据精度要求不低于1∶5万比例尺。收集第二次全国土地调查数据、最新土地利用总体规划图和基本农田界线图。

关于边界核定的基本原则：与区域生态保护相关规划和土地利用规划相协调；尽可能保持生态系统完整性与类型相似性；尽可能保持景观连通性；兼顾主导生态功能与综合生态功能；结合山脉、河流、地貌单元、植被等要素保持自然地理边界。

关于试点勘界落地情况：选取了咸宁市城市规划区作为典型区开展了试点勘界落地工作。按照主导功能划分为"水源涵养生态保护红线区、生物多样性维护生态保护红线区、土壤保持生态保护红线区、洪水调蓄生态保护红线区"4种生态保护红线类型，并按照"水源涵养重要性区域、饮用水水源保护区、生态公益林、水产种质资源保护区、农业野生植物资源原生境保护区（点）、森林公园、湿地公园、土壤保持重要性区域、石漠化敏感区、重要水域保护地（重要湖泊和重要水库）、城市绿地、重要山体和基本农田"等13种要素进行落地，共划分为41片区域，经过建设用地、农田剔除处理后，城市规划区生态保护红线叠加后总面积为156平方千米，占咸宁市城市规划区总面积的23.1%。

3. 活动 3 已完成的主要工作和取得的成果

制定了《湖北省生态保护红线管理办法》（以下简称《办法》）。《办法》分为总则、划定与调整、保护与监管、法律责任及附则等五部分，共26项条款。第一部分总则，包括目的与依据、定义与适用范围、政府责任、组织领导、技术支持、职责分工、公众参与等7项条款。第二部分划定与调整，包括划定范围、划定程序、调整条件、调整程序等4项条款。第三部分保护与监管，包括保护要求、分级管控、禁止事项、生态补偿制度、日常监管、考核制度、评估制度、退出机制、事故应急等9项条款。第四部分法律责任，包括违法活动、侵权责任、公务员责任等3项条款。第五部分附则，包括附件效力、解释权和实施日期等3项条款。

按照保护和管理的严格程度，生态保护红线区划分为一类管控区和二类管控区。一类管控区内，按照各类区域要求，除必要的科学实验、教学研究以及现有法律法规允许的民生工程外，禁止任何形式的开发建设活动。二类管控区内，实行负面清单管理制度，根据生态保护红线区主导生态功能维护需求，制定禁止性和限制性开发建设活动清单。

《办法》重点从划定和监管两个环节对红线管控目标、管理制度、管理主体作出了制度安排。一是管控目标与要求。生态保护红线管理的基本要求是：生态功能不降低、空间面积不减少、保护性质不改变。二是划定与调整程序。省环境保护委员会（以下简称省环委会）依据国家和省有关技术规范，划定湖北省生态保护红线，并由省人民政府批准实施。生态保护红线一旦划定，原则上不得调减红线区范围，不得将一类管控区调整为二类管控区。确需调整的，由发布机关按程序批准。

三是管理制度。按照"源头严防、过程严控、后果严惩"的全过程管理思路,《办法》确定了"3+1"的监督管理体系。"3"即生态环境准入负面清单制度、生态补偿制度、绩效考核评估制度。负面清单制度即制定生态保护红线建设项目准入特别管理措施(负面清单)管理制度,是严守红线底线的约束性手段。生态补偿制度是划定并严守生态保护红线的重要前提,是最有效的激励手段。绩效考核评估制度以考核、评估红线区生态功能保护成效为目标,奖优罚劣,推动地方政府切实履行红线保护责任。省环委会制定考核办法及标准,每年对各市、县(区)生态保护红线区的保护和管理工作进行考核,考核结果将作为生态补偿资金分配和领导干部政绩考核的重要依据。由省环委会制定生态保护红线评估办法,每五年对地方人民政府生态保护红线的保护成效开展绩效评估。评估结果公开发布,接受社会监督。"1"即生态保护红线监管平台,省环保厅会同相关部门组织制定监管规范,采取遥感监测和地面调查相结合的办法,对生态保护红线区进行监管,相关部门根据其职能负责本部门的生态保护红线监管工作。

三、成果评估

1. 成果的主要亮点或创新点

① 在生态保护红线划分的过程中,除国家的生态保护红线指南中规定的划定范围外,根据湖北省"千湖之省"的特点,将重要河流、湖泊和水库的水域及一定的陆域范围纳入生态保护红线体系中,突出了系统性,尊重自然规律,覆盖到了山水林田湖,保障了水生态安全。

② 划定和管理同步进行。《湖北省生态保护红线管理办法》制定工作与湖北省生态保护红线划分一并开展。管理办法是在现行法律法规以及部门规章制度的基础上集成创新,针对生态红线保护的综合性管理办法。管控措施基本按照相关法律法规执行,但是在征求其他部门和地方政府意见的基础上,划定一类和二类管控区,实行分类管理。一类管控区是生态红线的核心,实行最严格的监管措施,严禁一切形式的开发建设活动;二类管控区以生态保护为重点,实行差别化的监管措施,严禁有损主导生态功能的开发建设活动。

③ 与"多规合一"相结合,选择咸宁城区规划区作为试点进行生态保护红线的落地勘界工作。在国家生态环境部门没有制定生态保护红线勘界技术指南的前提下,湖北省根据自身情况,结合国土勘界定标的技术方法,探索出一套生态环境部门生态保护红线勘界技术,在咸宁市进行试点应用,并尝试与城市建设总体规划、土地利用规划等进行融合。

2. 成果的价值和已有应用

（1）作为试点省为全国生态保护红线划定工作起到先行先试作用

通过多次和国家对接推动了国家生态保护红线划分技术方法的完善，为其他省份生态保护红线划分提供宝贵经验。

（2）典型区勘界工作为全省勘界打下基础

湖北省根据自身情况，结合国土勘界定标的技术方法，探索出一套生态环境部门生态保护红线勘界技术，在咸宁市进行试点应用，并尝试与城市建设总体规划、土地利用规划等进行融合，为下一步开展全省生态保护红线勘界工作奠定基础。

3. 项目设计、实施过程及项目管理中存在的经验、不足和问题

湖北省环境科学研究院作为课题"重点生态功能区保护红线划定省级试点边界落地与管控制度研究"的咨询单位，对项目内容总体设计的思路和相关背景情况不甚了解。因此，仅针对本课题的实施期（2015 年 5 月—2016 年 4 月）的项目实施中可总结的经验概述如下：

① FECO 作为整个项目的项目办，在项目实施过程中公开选聘咨询单位，意见书征询文件（RFP）对咨询单位提供清晰的任务描述（TOR），并确保 RFP 商务条款没有任何限制竞争的条款，包括资质、资历、项目经验等方面。严谨的采购程序，使得咨询单位投入更多的时间和精力准备技术建议书，尤其是技术方案部分。

② 承担这项咨询任务，不仅完成了"重点生态功能区保护红线划定省级试点边界落地与管控制度研究"任务，同时也提高了湖北省环境科学研究院在国际履约项目方面的能力。为此，湖北省环境科学研究院积极竞争类似项目，并顺利承接了多个类似咨询任务。

4. 今后进一步开展此领域研究以及加强项目管理的建议

本项目总体目标是实现《生物多样性公约》的目标，作为一个国际履约项目，建议在后续的项目设计过程中，进一步加强信息公开，公开征集项目内容，以便更多的省份和有代表性的生物多样性保护区域可以及时了解项目信息，积极参与到项目前期准备过程中。

关于加强项目管理方面，建议将项目实施过程中的一些成果报告会或研讨会的参加单位扩大范围，让更多的感兴趣的咨询单位可以及时了解项目最新研究成果。

第四节　生态敏感区/脆弱区生态红线划定
落地省级试点

项目名称： 海洋生态敏感区、脆弱区生态功能红线划定省级试点
边界落地与管控制度研究

一、背景

1. 意义

我国海洋面积广阔，拥有 18 000 千米的大陆岸线和 300 万平方千米的海洋国土面积，多样的海洋环境蕴藏着丰富的海洋生物资源。近年来随着人类活动对海洋环境影响的加剧，在不同胁迫因子的作用下形成了各种类型的海洋生态敏感区、脆弱区。这些区域往往分布有重要的生物通道和典型的生境类型，对于维系区域海洋生态平衡具有重要的作用，因此也是海洋生态红线划定的焦点区域。然而长期以来，海洋生态敏感区、脆弱区的识别和划定工作缺乏系统的理论研究支撑；此外，由于其敏感性和脆弱性主要由外界的胁迫因子所决定，因此适宜的管控制度也成为保障这些区域红线落地的关键，但相关研究也鲜见报道。

鉴于此，CBPFIS 项目针对"海洋生态敏感区、脆弱区生态功能红线的划定"设立研究专项，通过敏感区、脆弱区的识别与划定，以红线的落地和管控制度作为出口，保障红线的实用性和可操作性。

典型研究区域的选择是海洋生态敏感区、脆弱区生态红线研究的重点。本项目综合环境类型、人类活动影响、历史资料等多重条件，确定以莱州湾作为研究的目标区域。莱州湾是渤海最大的半封闭性海湾，位于山东半岛北部。该海湾东邻渤海海峡的庙岛群岛，湾西部分布有黄河入海口，水文和地质环境复杂，生境类型多样，是我国北方重要的海洋生物产卵场和索饵场，对省海洋经济具有重要的支撑作用。同时，莱州湾沿岸港口、石油生产区、化工厂众多，海洋环境受人类活动影响较大，区域的敏感性、脆弱性极为典型。此外，莱州湾的相关研究资料较为翔实，2013 年，山东省率先发布了《山东省渤海海洋生态红线划定方案》，为莱州湾海洋生态敏感区、脆弱区生态红线体系建设奠定了良好的基础。

由于各环境因素联动效应的复杂性，开展大范围的全面研究实施周期较长，且

部分内容不宜与管控制度对接。因此本项目以突出典型性和实用性为原则,聚焦莱州湾主要环境胁迫因子和关键区域,建立了适宜莱州湾现况的海洋生态敏感区、脆弱区生态红线研究体系。该体系包括"黄河口区、自然保护区、石油区、重要岸线区"在内的空间划分部分,也包括"鲅鱼、氮磷、大型海洋植物(海藻、海草)"在内的指标划定部分。这一"四区三指标"体系体现了空间与指标的有效整合,充分反映了莱州湾关键区域的典型环境问题,并有力保障了红线体系的落地和管控制度建设。

在我国海洋环保工作严重滞后于海洋经济发展的背景下,该项目的开展尤为迫切和必要。本项目的研究成果,可为全国不同行政层级海洋生态敏感区、脆弱区生态红线的划定与长效管控提供参考。

2. 目标

主要包括 2 个方面的目标:

① 拟通过海陆一体的研究思路和研究方法,以莱州湾区域为核心,基于海域和陆域环境的互作进行生态红线划分与落地的相关研究,通过广泛吸收国际上相关研究工作的先进理念和宝贵经验,形成科学合理的研究方法和技术方案,同时,对莱州湾区域多年来的环境监测与研究数据进行详尽的汇总和分析,并将其应用于本研究,以保障红线边界落地的科学性和可操作性。

② 根据莱州湾区域的产业布局、政策管理现况等,借鉴国外先进的红线制度体系和产业规划经验,形成山东海洋生态敏感区、脆弱区生态功能红线制度建设的对策建议,并指导具体的实践过程,形成区域示范。

3. 任务内容

根据项目目标,制定以下方面研究内容:

① 制定试点省份海洋生态敏感区、脆弱区生态功能红线落地实施方案。

② 进行试点省份海洋生态敏感区、脆弱区生态功能红线边界核定。

③ 开展试点省份海洋生态敏感区、脆弱区生态功能红线管控制度研究。

4. 实施及完成时间

项目实施及完成时间:2015 年 9 月 7 日—2016 年 9 月 6 日。

二、开展的主要活动和取得的成果

1. 主要活动

(1)国际海洋环境保护先进经验的交流引入

由于本研究内容在国内具有开创性,因此有关海洋生态敏感区、脆弱区生态功能红线的国内资料较为有限。为广泛借鉴世界海洋生态环境保护的先进经验,本项目特邀请"大自然保护协会"（TNC）的有关专家进行了2次会谈，到访专家就国际海洋环境保护、海洋生物多样性保护、渔业资源管控以及海洋自然保护区的维持机制等方面进行了详细的介绍，从而为莱州湾海洋生态敏感区、脆弱区生态功能红线的"四区三指标"体系的建立与完善提供了重要的参考信息，同时也对后续管控制度的建立原则和基本方法提出了建议。本项目参与人员也与TNC相关专家建立了长期交流机制，以保持对国际研究进展的掌握，及时对项目方案进行补充和改进。

（2）莱州湾相关研究机构的沟通合作

莱州湾以其独特的水文和地理环境，一直是多学科研究的重点区域。国内多家涉海研究机构从不同的研究角度，对莱州湾进行了多年的监测，积累了不同领域的一线数据，从而为莱州湾海洋生态敏感区、脆弱区生态功能红线的划定及体系建设提供了重要的基础。如黄河河口海岸带科学研究所，对于黄河河口生态以及黄河上游调水调沙对海洋环境和生物的影响具有多年的研究经验，通过对接交流，使本项目进一步强化了陆海统筹的研究思路。作为造成黄河河口区敏感性、脆弱性的主要外因之一，黄河上游的调水调沙需要得到有效的管控，既需要翔实的理论和监测依据，同时也需要联合水利部门等多个行政管理部门的协同合作，保障红线的落地和可操作性。根据"四区三指标"的体系内容，上述对接活动根据项目进度定期进行，除科研内容的补充完善外，管控制度的建设也在不同管理部门的交流对接中逐步论证和完善，以期建立多部门联动、陆海统筹的管控机制。

（3）项目组内基于统一标准的交流活动

由于"四区三指标"体系包含空间和指标两个层面的内容，因此各部分多有交叉，为保证红线体系的完整性和协调性，空间划分和指标划定的标准、方法需要统一。鉴于国内该研究领域的相关技术体系尚不完善，现有的规程和方法也根据不同的研究区域、研究角度有所差异，因此项目组各子任务成员在执行层面迫切需要及时沟通，选择最适宜莱州湾实际情况的标准和方法予以统一和执行，对于暂无规程可借鉴的研究内容也要予以讨论和确认。该活动伴随项目常态化定期举行。

2. 主要成果

目前"四区三指标"体系架构已明确，各子任务方向进展顺利，由于本项目的探索性较强，因此随着资料和方法的不断完善，各子任务结构的局部调整和改进处于进行状态。针对"四区"的指标体系已分别建立，并通过资料的汇总逐步构建成熟，区域的空间划分基本确定。"三指标"体系也已初步建立，围绕各指标的关键环境因子、变化趋势、作用机制已基本明确。由于在各个指标之间以及与"四区之间"多有交叉联系，因此各独立指标的体系化调整尚在进行中，此为下一期工作的重点内容。

三、成果评估

1. 成果的主要亮点或创新点

（1）建立了区线结合的"四区三指标"体系

该体系的建立紧密围绕影响莱州湾区域海洋敏感性、脆弱性的主要外界胁迫因子，聚焦关键区域和物种，突出了研究内容的典型性和代表性。同时区线结合的方式便于立体的描绘和解决关键问题，也便于相应管控制度的制定和施行。

（2）遵循陆海统筹的研究思路

本项目拓宽了海洋生态研究的范围，突破了莱州湾海洋地理范围的限制，在对莱州湾敏感性、脆弱性的分析过程中充分考虑了黄河河口对整个湾内生境的显著影响，因此对于河口区的研究外延，将黄河的调水调沙也纳入研究内容，遵循陆海统筹的思路进行系统研究，为红线的落地提供了重要保障。

（3）跨越界限，探寻多部门联动的管控机制

在管控制度建设方面，本项目以保障红线的落地和管控制度的实用性和可操作性为原则，积极跨越界限，探索相关行政部门之间联动的管控机制，这一模式可为我国其他地区海洋生态红线的划定、海洋保护区的管理提供有益的参考。

2. 成果的价值和已有应用

① 由于陆源排污量的增多和黄河入海水资源量的减少等原因，项目研究海域环境质量下降，导致了经济海洋生物产卵场消失，渔业资源遭到破坏，底栖生物多样性急剧减少，海洋生态环境严重恶化。黄河口海洋生态敏感区、脆弱区生态功能红线划定有助于实现对物种生境的有效保护，为今后保护区的区域发展规划、合理布局提供科学依据。

② 研究表明，目前黄河三角洲保护区的功能区划难以做到对物种生境的全面有效保护，尚需进一步完善和优化。黄河三角洲海洋生态敏感区、脆弱区生态功能红线的划定有助于实现对物种生境的有效保护，为今后保护区的区域发展规划、合理布局提供科学依据。

③ 基于莱州湾生态保护实际情况，紧密结合国家生态红线划分的总体要求，项目建立了适合莱州湾海域石油区海洋生态敏感区、脆弱区生态功能红线划定与落地的实施方案，完成了生态功能红线边界落地工作，并研究制定了相应的生态红线管控措施，提出生态红线制度建设的对策建议，为划定并严守生态红线提供科技保障，为全省海洋行政管理和海洋生态恢复工作提供强有力支持。

④ 基于莱州湾海域生态保护实际情况，紧密结合国家生态红线划分和《山东省渤海海洋生态红线区划定方案（2013—2020年）》的总体要求，建立了适合莱州湾海域

氮磷红线划定方案，并研究制定了相应的生态红线管控措施，为全省海洋行政管理和实施陆源入海污染物总量控制、开展海洋生态修复提供了强有力支撑。

⑤本研究对莱州湾内海藻、海草现况和对生态修复所需的种源地进行了相关分析，从而在保护莱州湾范围内现有海藻、海草资源的基础上，为后续莱州湾区域生态修复工作的进行提供了前期基础信息。

3. 项目设计、实施过程及项目管理中存在的经验、不足和问题

（1）经验

① 强化国际合作。本项目所属的研究领域，其国内研究基础较为薄弱，因此国际交流合作对于项目的体系建立和推进具有重要的作用。长效沟通机制的建立，也可为项目参与人员及时跟进国际研究动态，为项目进行有益的补充和改进提供条件。

② 项目参与人员的背景尽量多样化。本项目的出口为红线的落地和管控制度，因此除科研部分的支撑作用之外，有关行政管理部门，包括政策制定方面的专家、管理人员应广泛参与，在落地的可行性和操作性上提出建议，并严格把关，同时在研讨交流过程中，不同领域的参与人员可增进对各自工作内容和方式的了解，从而为后续相关项目的开展树立合作模式。

（2）不足和问题

① 本项目实施周期较短，且国内相关研究的基础薄弱，探索性较强，因此从研究思路的确立到研究资料的甄别筛选，研究内容的整合分配均无现成的标准可借鉴，在研究进程上有时会出现反复和进展缓慢的情况。

② 本项目所涉及的研究领域较广，在合作伙伴和咨询专家的选择、合作模式建立方面尚需进一步完善，以期建立一套成熟的，适用于海洋生态敏感区、脆弱区生态红线体系构建的多单位跨领域的合作机制。

4. 今后进一步开展此领域研究以及加强项目管理的建议

① 本项目实施周期仅为一年，对于关键的研究内容，仅能开展初期的研究工作，该部分的研究价值尚有待进一步研究挖掘。因此建议围绕本项目研究成果的几个关键内容，在莱州湾范围内继续组织相关研究专项，以本项目的成果为依托和基础，开展深入研究，建立更为长效、高效、合理的管控制度。

② 鉴于研究区域所受的环境胁迫因子较多，影响程度和变化幅度较大，建议围绕关键环境指标，在敏感区、脆弱区开展持续系统的科学监测，有效跟踪环境变化动态，并以此及时对红线体系的指标、范围进行调整和完善，相应管控措施也做相关调整，保障红线体系的长效性和实用性。

第五节　中国生物多样性主流化现状评估

项目名称： 中国生物多样性主流化现状评估研究

一、背景

1.意义

2013 年，环境保护部环境保护对外合作中心实施了 CBPFIS 项目，其中一项重要内容是了解中国生物多样性主流化的现状，并提出纳入"十三五"的重要生物多样性内容。这项工作对生物多样性保护及可持续利用、加强履行《生物多样性公约》能力都具有重要理论指导意义，同时对我国各部门、各级政府践行生态文明体制改革、推动绿色发展具有重要的实践指导作用。

就生物多样性保护而言，"主流化"的意思是：把生物多样性保护和可持续利用整合到跨部门或各具体部门的计划中。它意味着要转变发展模式和发展策略，在发展中要纳入生物多样性保护和可持续利用的内容。主流化并不是人为的另外去创建并行的流程和制度，而是将生物多样性纳入现有和 / 或新的部门和跨部门的结构、流程和系统中去。

在《生物多样性公约》（第六条和第十条）中有明确的规定：应尽可能地将生物多样性的保护与可持续利用纳入部门、跨部门规划、行动、政策和国家的决策过程（《生物多样性公约》，1992）。2002 年，《生物多样性公约》第 6 次缔约方大会后发布了《海牙部长宣言》，"主流化"这一术语开始成为环境界共同认可的一个词汇，宣言指出："在过去的十年中，我们所应吸取的最重要的经验是，如果不将生物多样性保护充分纳入其他部门的工作中，《生物多样性公约》的目标就无法实现"（COP Ⅵ，CBD，2002）。2004 年南非举行的会议上，全球环境基金关于生物多样性主流化的提议进一步得到完善，确定了生物多样性主流化的目标，并制定了关于生物多样性主流化的 10 条指导原则。之后，主流化工作不断完善，并根据国际经验不断完善和提升，陆续明确了生物多样性主流化的切入点、工具、方法等。

本研究在详细理顺国际生物多样性主流化的基础上，结合我国具体实际，详细地评估了国家、部门和省级三个层面生物多样性主流化现状。在国家层面，主流化评估主要包括国家层面上生物多样性协调机制，国家层面上的规划、区划与行动方案，法律法规建设，科技与教育，宣传与公众意识，多方参与。在部门和省级层面，根据较为科学的分级标准，评估了不同部门和不同省区在生物多样性主流化工作的情况。

实际上，生物多样性主流化是一种理念、一个过程、一种机制，它要求我们运用生态系统方法的原理和方法，打破以往条块管理、政出多门的传统，以提高政府与公众对生物多样性保护的认识为基础，将生物多样性保护目标纳入各级政府部门的议事日程，有效地综合、协调相关部门的发展目标，实现生物多样性的保护与可持续利用。

2. 目标

通过评估、总结中国生物多样性主流化的现状与成功经验，为今后将生物多样性纳入各级政府的规划提供建议和行动方案，推动中国生物多样性主流化进程。

3. 任务

包括两个具体产出：《中国生物多样性主流化现状评估报告》《生物多样性纳入政府五年规划纲要方案》。

4. 实施及完成时间

项目实施及完成时间：2013 年 12 月—2014 年 11 月，共 12 个月。

二、开展的主要活动和取得的成果

1. 主要活动

本项目是咨询研究，主要活动为咨询各方意见，分析、整理并根据专家知识完成咨询报告。因此，本研究主要的工作包括：① 系统收集资料，查阅国内外关于主流化，尤其是生物多样性主流化的文献资料。② 广泛调研，了解各方观点和需求，主要形式包括走访相关专家和从业者、电话咨询、邮件沟通、问卷分析等。③ 全面分析、总结和评价主流化现状，包括生物多样性主流化国内外经验、成就、问题和挑战等。④ 研讨、修改与完善报告。

表 4-5-1　项目具体活动

编号	项 目 活 动
1	根据工作大纲和项目要求提交工作计划。细化到月份和周
2	分析、总结《生物多样性公约》、相关国际组织和中国政府对生物多样性主流化的要求和需求。了解生物多样性主流化对生物多样性保护与可持续利用的重要作用
3	调查、分析、总结和评价国外生物多样性主流化的进展与主要做法并总结国外可供借鉴的成功经验
4	设计国家、地方层面的生物多样性主流化调查问卷，与项目办讨论通过，和项目办一起通过研讨会或下发文件等形式收集国家各部门、地方政府生物多样性主流化信息，生物多样性主流化到法律法规建设，生物多样性的规划等资料

续表

编号	项　目　活　动
5	调查、分析和评价中央层面生物多样性主流化的现状，重点是生物多样性在国家各类中长期规划中的主流化情况，包括内容、方式、进展、成功的做法和经验
6	调查、分析和评价国内地方层面生物多样性主流化的现状，包括内容、方式、进展、成功的做法和经验
7	调查、分析和评价相关部门生物多样性主流化的现状，包括内容、方式、进展、成功的做法和经验
8	总结分析上述各方面生物多样性主流化中存在的主要问题、制约因素和有利条件，找出影响主流化进程的空缺
9	根据上述分析和评价结果，制定主流化情况分级标准，撰写《中国生物多样性主流化现状评估报告》，细致评价国家各部门、地方政府生物多样性主流化情况
10	根据上述分析和评价结果，结合中国的实际情况，提出《生物多样性纳入政府五年规划纲要方案》，提出中国将生物多样性纳入国家"十三五"发展规划的具体建议，包括应纳入的内容与方式等
11	参加项目进展汇报会。向项目办汇报研究进展情况，听取项目办对已开展的工作和下一步工作提出建议
12	提交《中国生物多样性主流化现状评估报告》《生物多样性纳入政府五年规划纲要方案》初稿
13	参加专家研讨会。征询专家对上述两个报告初稿的意见和建议，并根据专家和项目办的意见和建议对报告初稿进行完善
14	参加项目评审验收会
15	提交《中国生物多样性主流化现状评估报告》《生物多样性纳入政府五年规划纲要方案》最终稿，以及英文摘要

2. 主要成果

项目成果为两份咨询报告：《中国生物多样性主流化现状评估报告》《生物多样性纳入政府五年规划纲要方案》。

（1）报告 1：中国生物多样性主流化现状评估报告

本报告从国际经验入手，详细介绍了生物多样性主流化的提出背景、主要做法以及主流化对生物多样性公约实施的重要性。报告认为把生物多样性问题纳入部门和跨部门战略，计划和方案应该是国家生物多样性战略和行动计划的一个关键组成部分。根据生物多样性公约的要求提供了将生物多样性主流化纳入规划过程的指导原则。同时报告较详细介绍了如何选择主流化的切入点及生物多样性主流化的方法和工具，如何运用生态系统方法的原理和方法，打破以往条块管理、政出多门的传统，以提高政府与公众对生物多样性保护的认识为基础，将生物多样性保护目标纳入各级政府部门的议事日程，有效地综合、协调相关部门的发展目标，实现生物多样性的保护与可持续利用。

报告重点回顾与总结了中国国家层面上生物多样性主流化的成绩，充分参考了国际经验，结合我国的国情从以下六方面进行了总结：① 建立国家层面上生物多样性协调机制。② 把生物多样性的内容纳入国家层面上的规划、区划与行动方案中。③ 有关生物多样性保护的法律法规建设。④ 有关生物多样性的科学与教育。⑤ 宣传与公众意识的提高。⑥ 各利益相关方共同参与等。

根据分析，各部门的生物多样性主流化的情况差异较大。我国农业、林业、水利、畜牧、环保等相关部门都是生物多样性利用和保护的重要部门，按照国际经验，一个部门的重要发展规划有没有纳入生物多样性的内容是衡量生物多样性主流化的重要标准。本报告主要从这些部门的"十二五"发展规划中有没有涉及生物多样性和生态系统服务的内容，来分析生物多样性主流化的情况，在收集、整理和分析包括发改委、教育部、科技部、财政部、国土资源部、环境保护部、建设部、水利部、农业部、卫生部、林业局、旅游局、气象局等国家 10 余个部、委、局"十二五"规划的基础上，我们总结了部门的生物多样性主流化内容，发现包括环保、林业、科技、农业等相关部门有关生物多样性的描述，其中林业和农业有较为详细的规划，农业部科技发展规划、林业信息化规划、全国造林绿化规划等充分考虑了生物多样性的保护。

最后，报告分析了省级生物多样性主流化情况。省级生物多样性主流化情况主要从两个方面进行分析，第一是在省级"十二五"规划中关于生物多样性主流化的情况分析，我们采取抽样法从全国抽出 11 个省区进行分析，收集、整理 11 个省级"十二五"规划，分析生物多样性融入情况。这 11 个省（自治区、直辖市）包括陕西、新疆、西藏、内蒙古、黑龙江、北京、山东、上海、湖南、广东、云南，这些省（自治区、直辖市）陆地面积总和为 568 万平方千米，占全国陆地总面积的近 60%。需要说明的是，抽样时根据全国省区的地理分布半随机抽样，充分考虑了气候、水文等自然因素，经济和社会发展等因素，具有充分的代表性。第二是《省级生物多样性保护战略与行动计划》编制进展情况分析（截至 2015 年 1 月），目前《省级生物多样性保护战略与行动计划》编制进展有三个状态：正在编制、通过评审和发布实施。根据资料分析，目前有 6 个省（自治区、直辖市）已经发布实施，分别是上海、浙江、广西、重庆、四川和云南；有 6 个省（自治区、直辖市）已经通过专家评审，分别是江苏、山东、湖南、海南、贵州和西藏，还有 19 个省（自治区、直辖市）正在编制。

（2）报告 2：生物多样性纳入政府五年规划纲要方案

本报告共分三部分：第一部分是中国生物多样性主流化的融入情况分析，为了便于在中央各部门和各省、自治区、直辖市"十二五"规划中进行融入分析，并进行横向的比较，本报告创新性地建立了生物多样性主流化的程度比较分类体系。我们把生物多样性主流化程度按以下标准分成四级：

①　在规划中，提到了生物多样性保护的量化目标；或有单章、节论述生物多样性保护的；或较全面从遗传、物种及生态系统多方面规划生物多样性保护的。

②　在规划中，没有生物多样性保护的量化目标，也没有全面论及生物多样性保护，但提到生物多样性的重要性，并有相关较详细描述。

③　在规划中，仅提到生物多样性，但没有详细描述。

④　未提及生物多样性，只涉及生态和环保的内容。

分析结果显示，国家环境保护"十二五"规划、国家林业"十二五"规划和国家海洋事业发展"十二五"规划，都列出了生物多样性的定量指标，显然这些部门与生物多样性关系密切，并把生物多样性的内容纳入其部门的规划中，这些部门都列为第一类。在全国林业信息化"十二五"规划中，虽然没有列出生物多样性的定量指标，但多次提到生物多样性，并有较详尽的描述，所以列为第二类。国家科技"十二五"规划、全国畜牧业发展"十二五"规划、全国农业科技发展"十二五"规划、水利发展规划等，在规划文本中，虽没有详尽的描述，但都提到生物多样性，这些被列为第三类，而《中国旅游业"十二五"发展规划纲要》《中国农村扶贫开发纲要（2011—2020年）》等，本该与生物多样性有密切关联的规划，却只字未提生物多样性，说明这些部门尚未充分认识到生物多样性保护对本部门发展的意义。按照分类体系，报告详细分析了生物多样性在中央各部门"十二五"规划中的融入情况、列入的类别及分类依据。

按照同样的分类体系，报告对生物多样性在省级"十二五"规划中的融入情况进行了分析，在抽样调查的11个省、直辖市、自治区中，那些生物多样性较丰富的省份一般都比较重视生物多样性的保护（如陕西省、云南省、广东省和西藏自治区），"十二五"规划中都列有生物多样性保护的定量指标或较详尽的生物多样性的描述，分别被列为第一和第二类。黑龙江省、新疆维吾尔自治区、湖南省和山东省，在规划中虽没有详尽的描述，但都提到生物多样性，被列为第三类。而内蒙古自治区、上海市、北京市的规划中，虽多次提到生态和生态环境，但全文未提生物多样性。后两者可能主要关心的是城市的发展及居民的宜居、生态环境等，而对城市的生物多样性关注不够。

报告第二部分提出了将中国生物多样性纳入政府五年规划纲要的建议。这一部分又按照"十二五"规划的格式分为：

①　建议纳入国家"十三五"规划指导思想的内容，建议把"加快建立生态文明制度，推动形成人与自然和谐发展现代化建设新格局"和"保护和扩大自然界提供生态

产品能力的过程也是创造价值的过程，提供生态产品的活动也是发展"的概念，纳入"十三五"规划指导思想。

② 建议纳入"十三五"规划主要目标的内容：a. 把《中国生物多样性保护战略与行动计划（2011—2030年）》中的中期目标有关内容纳入"十三五"规划的主要目标。b. 把《生物多样性公约》的"爱知目标"中有关2020年要达到的目标纳入"十三五"规划。c. 建议纳入"十三五"规划正文的主要内容。

③ 建议在"十三五"规划中有一篇专门论述建设美丽中国、深化生态文明体制改革。专设一章论述生态或生物多样性，建议纳入正文的内容包括：建立国家公园体制，基本形成布局合理、功能完善的中国保护地体系；完善生物多样性保护相关政策、法规和制度；促进生物资源可持续开发利用等。

报告第三部分是中国生物多样性主流化的方法、工具、步骤与检验指标。在生物多样性主流化的方法中，着重介绍了生态系统服务评估方法、环境影响评估／战略环境评价、《生物多样性公约》生态系统方法、空间规划方法、生物多样性和生态系统经济学方法。在工具中，着重介绍了指标、法律文书、经济与金融工具、标准、行为守则、指南、认证和最佳实践等。最后介绍了生物多样性主流化的步骤与检验指标。

三、成果评估

1. 成果的主要亮点或创新点

就生物多样性保护而言，"主流化"的意思是：应尽可能地将生物多样性的保护与可持续利用纳入部门、跨部门规划、行动、政策和国家的决策过程中。但是怎样来评估、从哪几方面来评估，国内外尚未见报道。本报告在充分参考了国际的经验，结合我国的国情从以下九方面进行了总结，概述了中国生物多样性主流化的主要经验和成绩，这九个方面是：① 理念和指导思想；② 管理体系：生物多样性协调机制的建立；③ 国家发展计划；④ 国家空间规划；⑤ 生物多样性领域的法律法规建设；⑥ 建立绩效考核和责任追究制度；⑦ 科技与教育；⑧ 生物多样性的宣传与公众意识的提高；⑨ 多方参与和合作。以上九个方面，也是作者根据主流化的国际经验和国内情况总结出的一套生物多样性主流化的评价体系。这九个方面较完整描述和评价了一个国家、一个省、一个地区和一个县的生物多样性主流化的情况。此外，本报告还建立了在发展规划中评价生物多样性主流化程度的比较分类体系，按照上面所提的标准，我们把发展规划中生物多样性主流化程度分成四级，这种分级方法较为科学、客观地区分了生物多样性融入发展规划的程度，将有较好的应用价值。

2. 成果的价值和已有应用

本项目的成果和主流化的评估方法，已经在中国环科院和挪威合作的"中挪生物多样性价值评估及主流化"项目中得到应用，在该研究的"县级生物多样性主流化现状评估报告"中，应用了本研究的评估框架。本项目的第二个成果"生物多样性纳入政府五年规划纲要方案"中提到建议纳入国家"十三五"规划指导思想的内容，在已公布的"十三五"规划的第四章发展理念中有所体现。

3. 项目设计、实施过程及项目管理中存在的经验、不足和问题

本项目设计的思路和目的性都很好，而且完成的时间正好是在"十三五"规划开始考虑的时候，本报告的成果能够为政府决策者提供重要参考。

4. 今后进一步开展此领域研究以及加强项目管理的建议

希望今后类似的项目，要加强应用端方面的工作，建立与政府有关决策部门的交流渠道，以便成果能得到及时的应用。

第六节　生物多样性管理体制改革

项目名称： 强化地方生态环境部门生物多样性管理体制改革试点研究

一、背景

1. 意义

本项目以新疆三地州市为试点案例，旨在研究强化地方生态环境部门生物多样性管理体制改革的试点方案，为环境保护部的生物多样性管理体制机构改革提供基层生态环境部门的经验。本项目从生物多样性的监测、咨询、决策、执行与监督机制各个环节，全面分析其现状与亟待解决的问题，在总结分析国内外经验教训的基础上，依据"精简、统一、效能"的原则，提出地方环保局生物多样性管理体制改革的具体方案，并推动地方环保局依据该方案开展改革试点。通过生物多样性体制改革的地方试点，能够推动环境保护部与地方环境保护部门实现"上下联动"，促进基层政府环境保护部门的生物多样性管理能力的实质性提升。

2. 目标

原合同对本项目提出的要求是：为环境保护部生物多样性保护管理体制改革提供基层生态环境部门的经验。提出地方生态环境部门生物多样性保护管理体制改革的

具体方案，通过体制改革地方试点，实现环境保护部与地方环境保护部门的"上下联动"，做实基层政府环境保护部门的生物多样性保护的体制改革工作。

3. 任务内容

（1）目前地方生态环境部门生物多样性保护现状及问题分析

从生物多样性的监测、政策咨询、决策、实施与监督机制各环节，首先全面分析其现状与亟待解决的问题。

（2）地方体制改革的调研

调研在生态系统方式管理下，环境保护部门如何对生物多样性保护加强监督管理，如何将生态系统、森林生态系统、草原生态系统、湿地生态系统、荒漠生态系统保护等进行统一监管。

（3）地方体制改革的方案设计

在地方调研的基础上，总结生物多样性保护管理体制方面的经验教训，参考相关国际经验，根据环境保护部体制改革总体要求，从职能的明确和整合、机构调整和整合、内部机构分工与设置、人员编制规模需求等方面，进行详细的论述和测算，进而提出地方生物多样性保护机构改革的具体方案。

（4）地方体制改革试点方案及预评估

从地方试点的筛选、试点工作的开展方式和时间安排等方面提出地方生物多样性保护管理体制改革试点方案。该项目应当对所选取的具体试点实施方案进行预评估。

（5）与环境保护部体制改革主管部门就地方体制改革试点方案研讨对话

在该研究提出的地方体制改革试点方案的过程中，应及时与体改部门对话，推动环境保护部行政体制改革领导部门与地方试点单位"上下联动"，为今后正式开展生物多样性保护管理机构改革地方试点工作做好准备。

项目应产出以下政策研究报告：

《强化地方生态环境部门生物多样性管理体制改革试点研究》报告。

4. 实施及完成时间

2012年12月正式启动，2014年9月结题。

二、开展的主要活动和取得的成果

1. 目前地方生态环境部门生物多样性保护现状及问题分析

本研究首先从中央政府、省级及以下政府、中央与地方职责分工三个方面分析了我国生物多样性管理机构设置、相关部门的管理职能及部门间协调机制；从自然保护区管理体制、物种及遗传资源管理机制、生物多样性领域国际履约体系、生物多样性数据信息共享机制等方面分析了相关部门在生物多样性管理与协调中存在的问题；对省级及以下生态环境部门职责与机构设置进行横向比较，对省级生态环境部门与省级其他相关部门进行比较，对省级及以下环保厅（局）与中央政府环境保护部职责和机构设置进行纵向比较，进而对中央和省级生态环境部门之间的协调等存在的问题进行了深入的探讨。

其次，本研究对上届政府涉及生物多样性的机构改革的具体内容进行了回顾，认为通过上届政府的改革，"进一步明确了环境保护部生物多样性的管理职能"和"生物多样性机构改革初见成效"，同时也对现行生物多样性管理体制中尚存的问题进行了剖析：包括环境保护部生物多样性管理机构规格过低且编制过小，部门间的决策、咨询、执行、监督机制有待完善，环保系统内部的决策、咨询、执行、监督机制有待完善，等等。

2. 地方体制改革的调研

项目组多次赴新疆维吾尔自治区环保厅、伊犁州直环保局、阿勒泰地区环保局、乌鲁木齐市环保局进行实地调研，掌握了关于生物多样性管理现状与管理体制改革的大量一手资料，涉及生物多样性管理职责的转变、机构设置，生物多样性管理面临的困难和问题等，为后续试点方案的编制和试点工作的开展打下基础。

新疆维吾尔自治区是我国具有全球保护意义的生物多样性关键地区，生物多样性比较丰富。地方环境保护局主要职责中与生物多样性保护相关的内容为："督查对生态环境有影响的自然资源开发利用活动、生态环境建设和生态破坏恢复工作；负责农、林、牧区生态环境保护；监督管理自治州各种类型自然保护区、风景名胜（旅游）区、森林公园的环境保护工作；监督生物多样性管理、野生动植物保护、湿地保护、荒漠化防治工作；负责组织实施本辖区生态环境监测与监理工作。"

地方环保局在生物多样性管理体制方面存在若干短板，表现在以下几方面：

（1）生物多样性监测与信息收集

生态监测虽有机构，但缺乏国家出台的生物多样性监测方法和标准作为指导，缺乏对生物多样性的全面系统监测，人员编制短缺、配置不合理，现有生态监测设施严重不足和分析测试手段落后等，都是现实存在的问题。

（2）生物多样性管理的决策咨询

地方环保局目前的工作重点主要集中在污染控制方面，环保局的工作涉及生物多样性管理的内容不多。与此相关的生态保护决策咨询工作主要集中在环评报告的审批论证，关注的重点主要是项目开发对生态的影响方面，比较宏观，很少直接考虑对物种多样性、遗传多样性、生态系统多样性的具体影响。生态保护咨询工作被严重弱化。

（3）生物多样性管理的决策和执行

在环保局体系内，生物多样性管理的主要决策机构为主管副局长及自然生态保护处。自然生态处既是生态保护政策的制定者，又是政策的执行者，还是监督者。

（4）生物多样性管理的执法

环境监察支队是生物多样性管理现场执法的主要力量。生态执法存在的问题包括：一是缺少必要的生态环境监察法律法规，执法依据不足；二是生态环境监察线长、点多、范围广，工作经费、人员及执法交通工具严重不足，无法满足正常工作需要；三是生态环境监察执法人员的能力水平还不能适应工作的需要；四是与森林公安、草原监理、渔业监察、国土监察等执法职能交叉；五是存在若干执法死角。

（5）生物多样性管理的执法监督

地方环保局的执法监督分两个层面进行，一是依靠隶属于环境监察支队的稽查大队；二是依靠以纪检监察为主的队伍。执法效能监督主要是对生态环境案件办结率、公众满意度等进行评估，并与办案人员的绩效考核挂钩。对于与生物多样性管理相关的执法监督要求及效果尚不明确。

3. 地方体制改革的方案设计

地方生态环境部门生物多样性管理体制改革试点方案的设计包括以下三方面成果。

（1）提出了生物多样性管理体制机构改革的理论依据

在生物多样性管理体制改革方案的具体设计中，按照顶层设计的原则，明确划分了负责监测、咨询、决策、执行、监督的不同机构，使其各明其责、各司其职、分工合作，使得职能划分尽可能清晰明确、减少重叠交叉。同时，尽可能合并同类项，做到统一、高效、精简。具体来说，就是设计生物多样性管理体制的基本架构要素与工作运行机制：

① 生物多样性管理的监测机构与信息收集机制。

② 生物多样性管理的咨询机构与分析处理机制。

③ 生物多样性管理的决策机构与科学民主机制。

④ 生物多样性管理的执行机构与协调合作机制。

⑤ 生物多样性管理的监督机构与内外监察机制。

（2）提出管理体制机构改革的评价标准

对管理体制机构改革方案的合理性的评价，应从体制机构设置的合理性、体制机构运行的有效性以及体制改革的可行性等三方面展开，具体指标体系如下：

1）体制机构设置的合理性

主要评价体制机构的结构与功能设置合理程度。包括：

① 决策、咨询、执行、监督等各项责任划分的清晰程度。

② 决策部门的决策科学性、咨询部门的咨询准确客观性、执行部门的执行力度、

监督部门的监督有效性。

③微观具体"三定"方案（职责、机构、编制）设置的合理程度。

2）体制机构运行的有效性：

主要评价管理体制机构的绩效与行政效率。包括：

① 效果：实际的行政效果与绩效。

② 成本：包括行政成本与时间成本，降低行政运行成本（减少扯皮、牵制、无效功）。

③ 衡量行政效率的指标：管理任务 / 元（财政资源），管理任务 / 人（人力资源），管理任务 / 月（时间资源）。

3）体制改革的可行性

从现有体制机构转换到新体制机构的难易程度。在转换过程中，在法律、政策、机构、人员等方面可能既有动力又有阻力。

① 与现行法律体系的一致性程度。

② 与当前行政体制改革方针政策的一致性程度（加快行政管理体制改革、大部制思路）。

③ 与目前的中编办体制改革的具体优先领域相一致程度。

④ 与地方成功经验的一致性程度。

⑤ 与其他行业成功经验的一致性程度。

⑥ 与国际成功经验的一致性程度。

⑦ 与主要相关部门改革意愿的一致性程度。

⑧ 与主要相关官员个人意愿的一致性程度。

⑨ 与相关政府职员个人意愿的一致性程度。

⑩ 衡量可行性的指标：体制改革所需资金的可接受程度、体制改革所耗费时间的可接受程度。

（3）制定地方生态环境部门生物多样性体制机构改革的试点方案

考虑目前我国的管理体制机构现状及地方环保局内部相关机构和建制的完善，先在现有机构的基础上完善工作机制，然后再调整机构设置，最后再充实人员编制。试点方案包括以下方面：

① 强化生物多样性的信息收集机制与监测机构。

② 强化生物多样性的决策咨询机制，设置机制化的咨询机构。

③ 强化生物多样性管理的决策机制。

④ 强化生物多样性管理的专门执法与宣教机制，在环境监察队伍内设置生态执法机构。

⑤ 明确纪检监察的监督责任，强化生物多样性管理的监督机制。

4. 地方体制改革试点方案及预评估

通过项目组的前期准备和协调，在 2012 年 12 月 17 日召开项目启动会时，已初步选定乌鲁木齐市、伊利州作为试点地方，在项目执行过程中于 2013 年 3 月补充阿勒泰地区作为试点。

根据本项目组设计的《地方环保局生物多样性管理体制改革试点方案》，伊犁州、阿勒泰地区与乌鲁木齐市环保局作为地方环保局生物多样性管理体制改革创新实践的试点单位。三地环保局均颁布了正式文件，成立了生态环境部门生物多样性保护工作领导小组、专家委员会，通过内部资源优化整合，努力践行试点方案。经过半年多的生物多样性管理体制机构改革创新实践，在生物多样性信息收集与监测、决策咨询机制、决策机制、执法、监督机制等方面开展了大量的实际工作，三地生物多样性管理效果已经有了明显的改善。

在此以伊犁州直环保局为例说明试点方案实施效果：

（1）生物多样性信息收集与监测

初步建立了伊犁州直生物多样性数据库；开展了伊犁州直草地生物多样性和地面植被的监测工作；在环境监测站人员编制紧缺的情况下特别为生态监测增加了一名硕士研究生；承担了三次伊犁河水土开发项目的生态监测工作。

（2）生物多样性管理决策咨询机制

通过咨询委员会多次调研和评估论证，以环保局生物多样性管理领导小组决议的名义，先后为州党委、州政府提出了六项重大政策建议，包括"关于创建生态州的建议""关于编制伊犁州生态环境保护规划的建议""关于对州直辖区县域经济实行因地制宜、分类指导、差别考核的办法""关于修订《伊犁河流域生态环境管理条例》的建议""关于调整伊犁河流域水电站建设规划的建议""关于建立《新疆喀拉峻自然保护区》的建议"。

（3）生物多样性管理决策机制的运行

自试点工作开展以后，伊犁州成立生物多样性管理领导小组，召开了若干次涉及当地生物多样性管理决策的会议，做出了若干重大决策，如决定编制伊犁州生态环境保护规划，对州直辖区县域经济实行因地制宜、分类指导、差别考核，修订《伊犁河流域生态环境管理条例》，等等。

（4）生物多样性管理执法

重点开展了针对自然保护区、风景名胜区和草原矿产资源开发的生态环境监察；强化了伊犁河流域水电开发、挖沙取土项目的生态执法；强化生态保护知识和法律法规的学习，努力提高生态执法的水平。

（5）生物多样性管理监督机制的建立

进一步明确纪检监察室对监察支队生态执法的监督职能，通过执法效能评估增强对监察支队的执法监督。同时，也加强了通过另外两条途径开展生态执法监督：一是通过新增内设机构——监测监察处，强化对监察支队生态执法的监督；二是通过监察支队内部的监察监督室，审查执法程序和执法依据监督执法的合法性，督促执法的公正性。伊犁州直环保局还经常通过公众投诉的方式监督监察支队的执法效果。

在试点过程中，项目组也发现一些亟待进一步改进的问题：

① 体制机构改革缺乏"尚方宝剑"，地方政府不敢大胆改革，目前仍以强化机制为主。

② 人员编制短缺，监测、执法力量严重不足。

③ 生态执法缺乏明确的法律授权，生态环境部门有职责，但没有具体职能。

④ 生物多样性监测的技术规范有待改进。

5. 与生态环境部体制改革主管部门就地方体制改革试点方案研讨对话

本项目执行过程中得到了原环境保护部行政体制与人事司、自然生态保护司、对外合作中心等部门领导的支持，并委托相关负责人参加了本项目的几次重要会议，听取了项目组和试点地方生态环境部门的汇报。此外，项目组还就各阶段的设想和成果对上述部门领导进行了多次专题汇报。

在项目组推动原环境保护部行政体制改革领导部门与地方试点单位"上下联动"的基础上，不仅顺利提出了地方体制改革试点方案，更是在新疆阿勒泰地区、伊犁哈萨克自治州、乌鲁木齐市三地切实开展了试点工作，为在中央和地方层面开展生物多样性保护管理体制改革工作提供了基层生态环境部门的经验。

三、成果评估

1. 成果的主要亮点或创新点

本项目成果的主要亮点或创新点有以下几个方面：

① 建立了生物多样性管理体制机构改革的理论框架。项目组结合对新疆维吾尔自治区，特别是对伊犁、阿勒泰、乌鲁木齐等三地州市的实地调研，全面分析地方环境保护部门生物多样性管理体制现状与亟待解决的问题。在总结国内外经验教训的基础上，以公共政策理论为依据，以制度经济学为方法学，指导生物多样性管理体制改革研究，为实现政策系统的最佳功能，进行有效的组织机构设计。从生物多样性的监测、咨询、决策、执行与监督机制等五个环节入手，提出了地方环保局生物多样性管理体制机构及工作机制改革的具体方案；从体制机构设置的合理性、体制机构运行的有效性以及体制改革的可行性等三方面提出了管理体制机构的评价

标准。

② 实现了理论研究与试点实践的无缝衔接。本项目带有研究和试点的双重性质，在有限的时间内完成了既定的任务。在项目启动之初，项目组已经初步确定了试点地方，新疆维吾尔自治区以及伊犁、阿勒泰、乌鲁木齐等三地州市的相关部门和负责人更是全程参与项目，大大缩短了本项目研究成果的实践应用时间周期，提高了研究成果的科学性和可行性。

③ 积极推动原环境保护部行政体制改革领导部门与地方试点单位"上下联动"。我国行政管理体制的特点之一就是中央与地方的生物多样性行政管理体制机构具有同构性。地方存在的生物多样性管理的协调问题的根源还在于中央政府的部门设置。根据以往的工作经验，中央和地方均认识到现行的生物多样性管理机构存在一定的问题，且均有开展试点或改革的意向，但中央和地方在"自上而下"还是"自下而上"的改革顺序上存在一定的分歧。中央政府倾向于先从地方试点中总结经验教训再全面推广，而地方政府和环境保护管理机构则希望按照中央的统一部署开展工作，其结果往往是改革工作的一再推迟。本项目在执行过程中始终坚持生态环境部和地方生态环境部门的"上下联动"，通过及时的沟通协调，提高了试点方案的可行性，确保了试点工作的顺利开展。

2. 成果的价值和已有应用

本项目不仅设计了《地方环保局生物多样性管理体制改革试点方案》，更是在新疆维吾尔自治区伊犁州、阿勒泰地区与乌鲁木齐市开展了具体试点工作，项目成果得到了实际的应用并取得了较好的效果。

3. 项目设计、实施过程及项目管理中存在的经验、不足和问题

尽管试点方案为三地州市环保局生物多样性管理体制机构改革设计了较为顺畅的模式，但由于地方党委和政府并未直接授权，因此地方环保局的体制机构改革仍有所顾虑。具体表现为缩手缩脚，不敢完全按照试点方案大胆改革，特别是在机构设置、编制增加、人员调配方面。因此，本项目在无法设置新体制机构的情况下，只能部分整合现有机构，并强化有利于生物多样性管理的工作机制。

4. 今后进一步开展此领域研究以及加强项目管理的建议

建议在今后开展类似项目时，应加强中央层面的支持，以中央体制改革领导部门或原环境保护部主管体制改革的部门发文的方式，明确授权和支持地方开展相关改革尝试，则地方的试点工作的动力会更足，同时，此次项目经费仅够开展调研考察的工作之用，而对于地方开展试点的部门，今后还应在经费等方面给予一定的支持。

第七节 企业与生物多样性伙伴关系

项目名称： 中国企业与生物多样性伙伴关系发展

一、背景

在《生物多样性公约》秘书处的协助下，中国加入了企业与生物多样性全球伙伴关系，并建立中国企业与生物多样性伙伴关系。对此，联合国环境规划署世界保护监测中心（UNEP-WCMC）接到委托，根据现有国家和地区企业与生物多样性倡议及其他相关伙伴关系，向中国提供有关管理、技术交付和财务模式的建议，促进中国企业与生物多样性伙伴关系的发展，旨在未来三年至五年内，将中国企业与生物多样性伙伴关系发展为功能完善且可持续的伙伴关系。

本报告内容包括全球伙伴关系指南回顾、17 个其他国家和地区倡议组织采取的措施、国际良好实践以及中国企业发展背景。原环境保护部环境保护对外合作中心（FECO）将参考本报告，指导中国企业与生物多样性的未来发展。在中国企业与生物多样性伙伴管理机构成立后，也可参考本报告中的建议和信息。尽管本报告中的诸多发现和建议也可应用于其他国家和地区的国家倡议组织，但由于本报告是基于中国这一特定背景编写而成，因此可能并不适用于全球其他各国。本报告写于 2016 年 1 月至 4 月，由于诸多企业与生物多样性倡议组织仍处于发展状态，加上新的倡议组织正在形成，因此建议所依据的信息可能发生改变。

1. 意义

近两年来国际上有一重大趋势：促进和规范企业界的参与已成为《生物多样性公约》（以下简称《公约》）的重要议题并形成全球合作共识。《公约》第 10 次、第 11 次缔约方大会上先后通过了"企业界参与"等有关决议，同时《公约》秘书处积极推动"企业与生物多样性全球伙伴关系"建设，并对中国发出正式加入的诚挚邀请。截至 2014 年 10 月第 12 次缔约方大会，已有巴西、加拿大、智利、欧盟、法国、德国、印度、日本、韩国、中美洲、秘鲁、南非、斯里兰卡等 18 个国家（地区）建立了本国（区域）企业与生物多样性倡议机制，加入了《公约》"企业与生物多样性全球伙伴关系"。综合报告须借鉴国际经验，分析其他近 20 个国家企业伙伴关系机制平台的特点，论证"中国企业与生物多样性伙伴关系"机制逐步整合资源，完善"技术和服务"，满足数量不断增加的成员们（主要是企业、行业协会和地方政府）的多样化需求，包括培训、评价、交易、宣传、交流、政策对话和知识产品的分享等，最终实现在组织架构、技术能力（核心竞争力）、财务收支平衡三个维度上的可持续性。

2. 合同要求达到的目标

借鉴国际经验做好中国企业参与机制的开发，深入分析并开发《借鉴国际经验，在 CBPF 框架下研究中国加入〈生物多样性公约〉后"企业与生物多样性全球伙伴关系"后的机制构建、运行模式和可持续发展综合报告》，包括：

① 深入研究《公约》秘书处"全球伙伴关系"在国家构建伙伴关系机制方面的要求。

② 访谈 CBPF 框架下主要机构，尤其是具有国际视野的外方组织。

③ 与已加入"全球伙伴关系"的其他国家和地区在机制构建、运行模式等方面密切交流经验。

④ 深入分析已经加入"全球伙伴关系"的其他国家和地区在保证可持续发展方面的方法方式和经验教训。

⑤ 开发"全球伙伴关系"在美洲、欧洲和亚洲的成功实践案例。

⑥ 借鉴国际经验，研究和论证中国企业与生物多样性伙伴关系机制构建，为组织架构设计、运营模式和可持续发展等各个环节提出具有国际视野和前瞻性的意见和建议。

3. 合同规定的任务（或活动）内容

结合对"全球伙伴关系"在美洲、欧洲和亚洲其他国家所做的案例研究和经验分析，对完成《借鉴国际经验，在 CBPF 框架下研究中国加入〈生物多样性公约〉"企业与生物多样性全球伙伴关系"后的机制构建、运行模式和可持续发展综合报告》。报告内容应涵盖可持续发展构架组成即组织架构、技术产品和财务平衡三个维度，并分别对如下具体产出进行详细分析、论述和建议：

① 理事会章程。

② 秘书处工作程序和管理办法。

③ 伙伴成员发展规划。

④ 是否建立跨部门的专家委员会。

⑤ 成员退出伙伴关系管理办法。

⑥ 技术和服务体系。

⑦ 成本效益分析。

⑧ 企业成员缴纳年费。

⑨ 除企业外的其他伙伴关系成员单位外不同形式的贡献（除资金外），包括技术、

场地、服务或实物。

⑩ 其他效益、收入和收益，如生物多样性全球效益、社会责任溢价、品牌美誉度等。

⑪ 组织架构：对"中国企业与生物多样性伙伴关系机制"软硬件构建的相关程序提供建设性意见，包括理事会章程、秘书处工作程序和管理办法、伙伴成员发展规划、成员退出伙伴关系管理办法。

⑫ 技术产品：对"中国企业与生物多样性伙伴关系"的运行模式、使命任务和工作内容提供建设性意见，论证和分析对外合作中心带领联盟，包括理事单位、专家委员会和伙伴成员共同打造网络资源，向市场推出和运营一个服务与满足伙伴成员单位和企业参与需求的服务体系，同时服务国委会、生态环境部和地方政府的相关议程等其他有关内容。

⑬ 财务平衡："中国企业与生物多样性伙伴关系"机制财务平衡和可持续发展提供具有前瞻性、建设性和国际视野的意见和建议，包括至少在以下方面的分析和论证：企业成员缴纳年费；除企业外的其他伙伴关系成员单位外不同形式的贡献（除资金外），包括技术、场地、服务或实物；其他效益、收入和收益。

4. 实施及完成时间

项目实施及完成时间：2015 年 12 月—2016 年 5 月。

二、开展的主要活动和取得的成果

1. 愿景、使命与目标

① 对于任何一个倡议组织而言，制定愿景、使命与目标都是设定明确方向的良好做法，并可为成果导向的管理和影响监控提供支持。

② 几乎没有国家级别的倡议组织制定过愿景和使命，但是绝大多数已制定目标，而且绝大多数目标均与全球伙伴关系目标相一致。这些目标普遍涵盖范围较广，包括提供讨论论坛、增进理解、提供生物多样性管理政策和工具、提升领导力、支持《生物多样性公约》、能力建设和保障生物多样性保护融资等方面。上述目标将是中国企业与生物多样性伙伴关系制定自身目标的可参照起始点。

③ 在 17 个国家和地区倡议组织中，七个已制定会员宣言，这些组织认为会员宣言是追踪、展现和改进成员表现的良好方式。

2. 管理和组织架构

① 并不存在适用于所有国家倡议组织的管理和组织架构。但是，不同国家倡议组织的管理和组织架构存在某些共同点：在所有架构中，均存在负责日常管理（秘书处）、决策（指导委员会）和监督（理事会）的某种形式的机制或机构。管理架构为满

足各自倡议组织的需求而服务。

② 在经调查的国家倡议组织中，一半以上设立仅限企业的会员制。尽管这可通过"安全空间"交换知识，达到吸引企业的目的，但可能有失去通过获取非企业会员的专业经验而更具包容性的信誉。

③ 绝大多数倡议组织能够长期生存的秘诀在于保障高级管理层的参与和本国政府的支持。

3. 技术交付

① 倡议组织关注的课题并不仅限于生物多样性，还可能包括生态系统服务、自然资本和气候变化等。

② 所有倡议组织均提供关注沟通、外联、网络及知识共享的基础服务。复杂服务的提供则存在较大差异，如工具、咨询或培训等。绝大多数成熟的倡议组织根据倡议目的和会员需求，提供定制服务。

4. 财务模式

① 在17家经调查的倡议组织中，其中10家认为融资是一大挑战。

② 其中3家的资金来源仅限于主办机构，7家具有多样化融资模式（其中4家将会员费作为来源之一）。多样化融资模式还可分散风险，以防某项融资渠道难以获取。其中1家倡议组织仅通过会员费融资，1家无融资渠道，剩余5家具有外部融资渠道，但并未指定具体性质。

③ 共有5家倡议组织采用会员费作为融资渠道。然而，在许多情况中，会员费可能遏制他人的广泛参与，进而限制组织影响。

④ 初始种子资金是启动会员制、设立会员价值主张和保障会员参与等事项的关键，还可证明倡议组织的财务稳定性，使其进而获取其他融资。

该项目的具体情况见图4-7-1。

三、成果评估

选取了三个案例（分别来自亚洲、欧洲和北美洲）进行深入研究。这三个案例在管理、技术交付和融资的方式方面存在很大差异，可以为中国企业与生物多样性伙伴关系发展提供有益经验教训和启示。最后，选择这三个案例分析，还有一部分原因在于可获得足够细节。这三个案例研究分别是：

① 日本企业与生物多样性倡议组织，仅限企业参与，由会员领导的倡议组织。

② 荷兰，设有两个强强联合的倡议组织。

图 4-7-1 项目开展的具体情况

③ 加拿大企业与生物多样性理事会，通过在政府与企业间建立紧密联系而发展起来的倡议组织。

四、成果的主要亮点或创新点

主要是对中国企业与生物多样性伙伴关系的经验借鉴与启示如下。

① 行业协会通常是最明智的参与形式，因为其消除了优势行业中的区域差异。

② 目前依然有国家未设立全国性倡议组织，这些国家的政府部长与发展成熟的倡议组织（如加拿大企业与生物多样性理事会）进行知识分享，这通常是企业与生物多样性讨论的良好开端。

③ 经济低迷造成保护活动可用资金紧缩，但保持多元化的收益基础有助于渡过经济冲击。

④ 与全球伙伴关系建立亲密关系，对于在大型跨国企业之间建立和保持公信力具有重要意义。

⑤ 利用其他成熟的可持续发展或保护倡议组织的经验和网络有助于加快新的企业与生物多样性倡议组织取得进步。

⑥ 与其他企业与生物多样性组织的合作至关重要，可协调工作议程，确保不同规模和领域的企业多样化需求得到满足。

⑦ 仅限企业的和更具包容性的倡议组织各有优点，但是如果倡议组织仅由企业成员组成，则需要确保各种专家以及生物多样性利益相关方及决策者参与工作计划和成员会议，以保证提供优质、权威和可靠的信息，这一点不可忽视。

⑧ 政府参与企业与生物多样性倡议组织会带来不少益处，可创造对话机会，共同就政策转变、立法要求以及营造有利环境（以鼓励企业加大生物多样性保护行动）的需求展开探讨。

⑨ 利用其他成熟的可持续发展或保护倡议组织的经验和网络有助于加快新的企业与生物多样性倡议组织取得进步。

⑩ 与其他企业与生物多样性组织的合作至关重要，可协调工作议程，确保不同规模和领域的企业多样化需求得到满足。

⑪ 仅限企业的和更具包容性的倡议组织各有优点，但是如果倡议组织仅由企业成员组成，则需要确保各种专家以及生物多样性利益相关方及决策者参与工作计划和成员会议，以保证提供优质、权威和可靠的信息，这一点不可忽视。

⑫ 政府参与企业与生物多样性倡议组织会带来不少益处，可创造对话机会，共同就政策转变、立法要求以及营造有利环境（以鼓励企业加大生物多样性保护行动）的需求展开探讨。

五、附件

不同国家／地区倡议组织的目标示例见表 4-7-1。

表 4-7-1　不同国家／地区倡议组织的目标示例

类别	倡议组织	用词
协作	澳大利亚企业与生物多样性倡议组织	促进企业界、学术界、非营利部门以及所有级别政府部门之间在生物多样性和生态系统服务项目上的协作
	优秀公司生物多样性（德国）	与国内外民间团体和政府对话，打造新兴联盟，共同实现目标
	日本企业与生物多样性倡议组织	促进同利益相关方的对话和协作
	Biodiversidady Empresas（秘鲁）	与企业协作，增强对依赖生物多样性和生态环境服务项目的举措的认知、鉴别和行动
	国家生物多样性和企业网络（南非）	在关于生物多样化与企业的讨论和议程中，提升凝聚力，促进整合
讨论／论坛	国家生物多样性和企业网络（南非）	提供一个国有平台，以促进关于生物多样性与企业的战略讨论
	生物多样性斯里兰卡	促进国内合作，增进想法和信息的交流
认知／认识	澳大利亚企业与生物多样性倡议组织	提高澳大利亚企业界对国内外生物多样性及可持续性问题的认知水平
	加拿大企业与生物多样性理事会	增进对生物多样性和生物多样性保护商业案例的认知
	优秀公司生物多样性（德国）	充当"优秀公司"互相学习如何改善生物多样性管理的平台
认知／认识	日本企业与生物多样性倡议组织	探寻企业与生物多样性之间的联系并在我们的企业实践中运用此知识
同《生物多样性公约》紧密结合	澳大利亚企业与生物多样性倡议组织	进一步实现《生物多样性公约》的三个目标及其爱知生物多样性目标
	澳大利亚企业与生物多样性倡议组织	代表澳大利亚企业界向《生物多样性公约》的全球企业与生物多样性伙伴关系提出观点，《生物多样性公约》的全球企业与生物多样性伙伴关系是一个多利益相关方倡议组织，由 2010 年举办的第 10 届《生物多样性公约》缔约方大会发起创建
承诺和宣言	加拿大企业与生物多样性理事会	促使企业对生物多样性保护作出承诺宣言

续表

类别	倡议组织	用词
国家企业与生物多样性目标目的	澳大利亚企业与生物多样性倡议组织	为澳大利亚生物多样性目标和倡议组织提供企业支持
	国家生物多样性和企业网络（南非）	呼吁全国企业将生物多样性纳入主要考虑因素
	国家生物多样性和企业网络（南非）	促进发展有关生物多样性与企业的国家议程
扩张	优秀公司生物多样性（德国）	支持个体公司的承诺并增加新会员
生物多样性保护投资	澳大利亚企业与生物多样性倡议组织	寻求并提倡营造良好环境，促使企业在生物多样性方面进行投资
	Iniciativa Española Empresay Biodiversida（西班牙）	引流私募基金，保护生物多样性
生物多样性战略和工具的施行	加拿大企业与生物多样性理事会	在企业计划和政策中运用（生物多样性）知识
	优秀公司生物多样性（德国）	鼓励公司在其环境及可持续性管理体系和实践中融入生物多样性和生态系统服务事项
	Biodiversidady Empresas（秘鲁）	向企业提供建议，指导其使用生物多样性和生态系统服务可持续管理工具
	国家生物多样性和企业网络（南非）	促进集中、实用且有益的干预，在主流进程中支持企业
领导力与展示成功经验	加拿大企业与生物多样性理事会	在保护生物多样性方面起领导作用
	优秀公司生物多样性（德国）	树立良好榜样，联合打造公众意识，激发企业创新潜力
领导力与展示成功经验	印度企业与生物多样性倡议组织	在印度及全球范围内记录、展示并推广良好企业实践
	日本企业与生物多样性倡议组织	在日本境内外分享良好实践
	日本企业与生物多样性倡议组织	提倡并在教育方面做出努力，保护生物多样性
	生物多样性斯里兰卡	加强并增加私营部门在生物多样性保护方面的涉入度

续表

类别	倡议组织	用词
企业案例及案例研究	优秀公司生物多样性（德国）	参与生物多样性企业案例以及实用商务行动时机的发展
	Biodiversidady Empresas（秘鲁）	根据生物多样性及生态系统服务管理的可持续利用性，鉴别并推广公司的成功倡议组织
	加拿大企业与生物多样性理事会	通过维护我们的资源基础来保障企业成功
交流、促进和能力	印度企业与生物多样性倡议组织	帮助企业及其利益相关方树立生物多样性管理意识，提升生物多样性管理能力
	Biodiversidady Empresas（秘鲁）	提升企业部门和公众部门的能力，增强生物多样性和生态系统服务的保护及可持续利用
采购及海外投资	自然领袖（荷兰）	确保公司的业务活动可以促进原材料国生态系统的健康发展，为企业、自然环境及依赖当地自然环境生存的人民造福
自然资产/生物多样性价值	Iniciativa Española Empresay Biodiversida（西班牙）	在企业管理实践及政策中融入自然资产
	生物多样性斯里兰卡	增加生物多样性保护的经济价值并将其融入公司的核心业务中

（刘纪新　邹玥玛）

第五章 基于政府支持和市场的生态补偿机制

第一节 生态补偿立法研究

项目名称：生态补偿立法路线图研究

一、背景

1. 意义

生态环境是人类生存之本、发展之基。生态系统为人类提供各种不可或缺的服务。自进入工业社会以来，随着工业生产发展和人口数量的增加，人类对自然界的索取急剧增加，生态环境破坏这一全球性问题日益凸显，我国经济社会发展也面临着日趋强化的生态环境约束。如何保护与可持续利用生态系统是人类社会面临的一大问题。作为平衡生态保护与可持续利用的一种经济手段，生态补偿在国际上受到了广泛关注。当前，我国对生态环境问题高度重视，并将建立生态补偿机制作为应对生态环境问题的重要措施。之所以要建立生态补偿机制，是因为生态环境的保护、修复与重建等需要大量资金投入；同时，一个区域或流域为了保护生态环境，可能会丧失许多发展机会、付出机会成本。而生态环境又是一种公共品，一个区域生态环境的积极变化会给相邻区域带来生态利益。在这种情况下，必须建立有效的生态补偿机制，合理体现生态环境这一公共品的价值，统筹区域或流域协调发展。因此，当前形势下开展符合我国国情的生态补偿机制与政策研究具有十分重大的意义，将有利于生态环境保护与可持续发展，有利于促进不同区域之间的协调发展，有利于促进生态产业的健康发展，有利于民众生态意识的提高与生态保护行为的建立，是落实科学发展观、促进资源节约型和环境友好型社会建设的有力保障。

2. 目标

本项目的目标主要表现为以下几方面：① 总结分析国内生态补偿实践，了解各类生态补偿所取得的进展，并分析各自所存在的主要问题。② 总结分析国外生态补偿实践的成功经验及不足之处，全面科学分析对我国开展生态补偿实践的参考价值。③ 通过上述国内外生态补偿实践分析，提出切实可行的我国生态补偿立法路线建议，为我国生态补偿立法提供技术支持，为国家层面生态补偿立法实践和建立符合中国国情的生态补偿制度做准备。

3. 任务内容

项目主要内容规定可概括为："国内生态补偿成效及不足研究""国外生态补偿经验及发展趋势""生态补偿立法建议"三个方面。具体内容包括国内生态补偿实践研究，通过文献研究、资料收集和已有相关研究成果，总结分析我国生态补偿现状，对我国所实施的主要生态补偿类型进行分析，了解其各自的立法情况及其所存在的问题；国际生态补偿研究，通过文献研究、资料收集和已有相关研究成果，回顾分析发达国家和发展中国家生态补偿实践，并分析不同国家间的差异；我国生态补偿立法建议，通过国内外生态补偿研究，全面掌握生态补偿的现状、技术和立法经验，为完善我国生态补偿立法提出可操作性的路线建议。

4. 实施及完成时间

项目于 2011 年 11 月开始实施，于 2012 年 12 月完成。

二、开展的主要活动和取得的成果

1. 活动 1 的主要工作和取得的成果

项目综述了生态补偿提出的背景及意义，总结国内外生态补偿相关研究现状，并在此基础上分析生态补偿立法的必要性。中国的生态补偿机制是在生态环境破坏问题严重，以及国内政治、社会、法律和经济基础条件逐渐成熟的背景下提出，并逐步得以实施的。在生态补偿研究方面，国外对生态补偿的研究在方法上采用多学科交叉分析，既研究了宏观领域，又利用统计学、经济学等方法对微观领域进行了深入而细致的研究。虽然我国在生态补偿方面做了不少研究，但国内还是侧重于从宏观角度考虑生态补偿政策的实施问题，并以经验探讨为主，在理论基础上做了大量研究。但因生态补偿的广泛性和复杂性，我国的生态补偿研究仍处于初级阶段，存在一些不足之处，具体包括：对生态补偿的概念和内涵没有形成统一的认识；生态补偿的范畴和总体框架没有建立起来；理论研究与实践脱节，理论研究落后于实践探索；由于缺乏统一的归口管理，造成管理上的混乱；政策和法律不健全，原来的一些资源环境方面的法规与条例不能适应形势发展的要求等。我国在资源和环境保护领域已建立了较为完备的法律体系。对于生态补偿，一些相关法规和文件都提出了明确的要求和办法，但存在缺乏针对性强的生态补偿立法，生态补偿立法明显滞后，当前法律体系中缺乏适应生态补偿特点的弹性机制等问题，需进一步完善。

2. 活动 2 的主要工作和取得的成果

项目总结了我国在生态补偿方面所存在的实践制度。首先对各类生态补偿进行界定，随后分析其各自相关立法情况，以及所取得的进展和不足，为完善生态补偿法律制度提供基础。我国生态补偿的重点领域主要包括流域生态补偿、矿产资源生态补偿、自然保护区生态补偿、森林生态补偿及重要生态功能区生态补偿。流域生态补偿是我国生态补偿中发展得相对较早的领域，其相应的实践成果也十分丰硕。国家层面的法规主要从原则上规定了流域生态补偿，而地方性法规则相对具体，有时是针对某一试点的规定。但其缺少一部专门的流域生态补偿法，关于流域生态补偿的规定都散见于各种政策法规，缺乏系统性；缺少具体的政策法规，可操作性较差；各地的规定差别较大。此外流域生态补偿常常出现执法部门职能交叉、条块分割、监管乏力的情况。矿产资源生态补偿除了各种与矿产资源开采有关的环境保护和资源综合利用法律法规之外，还包括各种收费制度，主要有矿山环境治理恢复保证金、排污费、土地复垦费和水土流失防治与补偿费。但矿区生态环境恢复治理保证金制度存在保证金标准过于简单、适用范围不全面和保证金管理规定不细致等问题；排污收费制度存在排污申报时间不合理和排污量核定太难两个主要问题。自然保护区的生态补偿存在资金投入不足、地区差异不断加大和与周边居民关系紧张等问题。森林生态补偿存在西部补偿标准偏低、区域差别大、政策制定缺少灵活性及政策制定理论基础不完善等不足。草地生态补偿存在政策的短期性与生态保护的持久性的矛盾，草原生态补偿低标准与牧区牧民高机会成本的矛盾，草原生态保护建设与牧业增产、牧民增收的矛盾等问题。湿地生态补偿存在手段单一、规划与执行措施缺乏创新、湿地保护效率不高等问题。总体而言，我国生态补偿在政策层面存在缺乏统一完整的生态补偿政策，地方、部门色彩浓厚；政策制定过程缺乏利益相关者的充分参与；缺乏相对独立的政策执行机构，使得决策者与执行者直接或间接地转化为利益相关者，政策效果大打折扣；生态补偿政策的延续性与自我完善能力不足等问题。在运行层面存在产权缺失、市场缺失及补偿标准不合理等问题。

3. 活动 3 的主要工作和取得的成果

项目总结分析了国外生态补偿实践的成功经验和不足之处，并比较分析其之间所存在差异，从中得到对我国生态补偿立法提供借鉴。不同国家具体生态补偿实践方式不同，差异化较大。美国存在以政府为主导的退耕保护计划、以市场手段为主的"湿地银行"方案、私人组织发起德尔塔水禽协会承包沼泽地计划等生态补偿实践活动。加拿大的生态补偿实践和美国十分相似，如土地休耕、矿区复垦、流域补偿等具体做法都和美国基本相同。澳大利亚是一个缺水干燥的国家，因此在流域补偿、森林环境效益付费、湿地保护方面有很多成功的实践。与发达国家相比，发展中国家的经济增长需求更加强烈，生态环境保护投入的力度相对有限。即使开展了生态补偿项目，也往往是环境保护和经济发展相互妥协的产物，还常常依赖于发达国家和国际基金的资助，且补偿效果也很有限。由于各国社会和自然条件的差异，即便是同种类型的生态补偿在不同国家的实践方式也存在差异，对这些差异进行比较研究，不仅折射出这些国家的国情差异和根据这些差异因地制宜开展补偿实践的基本思路，也对我国的生态补偿工作有重要启示意义。通过对比分析表明美国崇尚以市场机制解决问题，加拿大以政策互补解决管理权限分散问题，欧盟探索低强度可持续生态农业模式，荷兰建设项目生态补偿代表，德国资金到位、核算公平，巴西改革财政体制、探索补偿形式。我国应坚持政府部门在生态补偿实施中的主体地位，注重市场手段在补偿机制中的运用，明确生态目标，制定有效可行的补偿细则，建立科学、规范的生态补偿财政转移支付制度，注重生态补偿和战略规划互相结合。

4. 活动 4 的主要工作和取得的成果

项目在上述分析的基础上，为我国生态补偿立法提出可操作的路线建议。首先应明确生态补偿立法的目标，本研究认为主要包括促进生态保护和可持续发展、实现区域的协调发展、调节生态资源保护与利用相关者之间的利益关系以及筹措生态保护资金四个方面。其次确立制定生态补偿立法路线图应考虑的原则，包括"以生态为本"原则，公平原则，"谁开发谁保护、谁破坏谁恢复、谁受益谁补偿、谁排污谁付费"的原则，准确定位并处理好与各部门关系的原则，因地制宜、分类指导的原则，广泛参与的原则，循序渐进原则以及可操作性原则。设计了生态补偿的立法路线情景。根据生态补偿立法按步骤分阶段推进的原则，为实现生态补偿立法目标，将生态补偿立法分为三个阶段：第一阶段，"十二五"中期（2013 年）出台《生态补偿条例》。第二阶段，2013—2016 年积极推进相关部门及时出台部门性生态补偿实施细则，对各领域的生态环境补偿工作进一步细化规范。第三阶段，2021 年左右，在深入总结《生态补偿条例》实施效果的基础上，出台《生态补偿法》；同时结合《生态补偿法》的出台，进一步修改完善环境保护单行法，注意已有生态补偿制度与《生态补偿法》的衔接，并依据发展路线图提出相应实施计划。分别就生态补偿立法的初步发展阶段、生态补偿立法的成长和完善阶段及生态补偿立法的成熟阶段三个阶段的资金来源、管理体制、运行机制、补偿表和补偿方式提出相应实施建议。此外本研究认为中国生态补偿立法的完成需要深入研究和完善的地方有很多，不可能一步到位，可通过加大财政转移支付对重点生态功能区的补助力度、深入开展试点工作、调整上下游地区的产业结构等工作抓住紧迫问题，完善中国生态补偿政策的重点突破领域，以促进生态补偿制度的建立。

三、成果评估

1. 成果的主要亮点或创新点

本项目的主要亮点体现于以下两方面：

① 对国际上的生态补偿情况进行总结分析。目前国内对于生物补偿的研究，虽然存在对于国外生态补偿实践的总结，但这些研究包含的国家相对较少，大都仅对其中两三个国家的生态补偿状态进行了总结分析，而本项目对九个发达国家、四个发展中国家与两个国际组织的生态补偿实践活动进行了总结，更加具有完整性与说服力。

② 将生态补偿立法分为不同阶段。在对生态补偿法律制度的研究中，大多数研究更加侧重于生态补偿法律制度所应遵循的原则及其所包含的内容，所提建议往往更加宽泛、可操作性较差。本研究将生态补偿立法分为不同阶段，并对每一阶段的生态补偿资金来源、管理体制、运行机制、补偿表和补偿方式提出相应实施建议，更加具有可操作性。

2. 成果的价值和已有应用

生态问题导致人类赖以生存的生态环境不堪重负，为了实现可持续发展，党的十七大报告中首次写入了"生态文明"，强调为了延续人类的生存，必须重新认识人与自然的关系，实现人与自然和谐共生、良性循环、全面发展、持续繁荣。生态补偿是我国生态建设的一个重要环节，是实现可持续发展目标的重要途径和有效形式。它通过鼓励"生态建设者"对生态系统加以维护，使其最大限度地恢复到被污染、被破坏前的功能，而且对生态环境进行建设、培育，加大生态系统的环境容量、增强其生态价值，同时通过提高"生态破坏者"的行为成本，促使其减少或放弃破坏生态系统服务功能的行为，间接实现对生态系统的保护。我国人口众多、人均资源稀缺，人口、发展与资源、环境的矛盾更为突出，因此若不能从法律层面上确立生态补偿制度，势必会影响我国可持续发展战略的成功实施和"生态文明"的建设。然而在环境法律体系中，我国尚未制定一部与生态补偿有关的专门法律，生态补偿的内容仅仅体现在个别法条的原则性规定上，并且数量甚少，只涉及一些原则性的规定；有些地方也针对生态补偿开展了一些立法实践，但是地方专门就生态补偿进行立法的情况依然十分少见。生态补偿政策过于原则和概括，行为缺乏有效约束，对权利、义务及法律责任规定不清，缺乏可操作性。本研究通过分析国内外生态补偿实践活动进行分析，提出生态补偿立法路线建议，对生态补偿法制化问题研究的重要意义，对积极研究和推动生态补偿法律制度建构工作、尽快将生态补偿的内容纳入相关法律之中亦有重要意义。

3. 项目设计、实施过程及项目管理中存在的经验、不足和问题

本项目虽对生态补偿立法进行了有益的探讨，但亦存在问题。主要表现在以下几方面：第一，因本研究对国外众多国家的生态补偿进行了总结，但对其中一些国家的具体情况分析仍相对不足，缺乏深入。第二，由于我国是经济、文化、生态环境地区差异巨大的国家，不同省份情况差异较大。但本研究对我国生态补偿现状进行了分析，更多的是从总体情况的概述，缺乏对于不同区域的差异性分析，且本研究也没有选取我国一些生态补偿典型案例进行具体分析。第三，本研究虽将生态补偿立法分为不同阶段，但阶段时间等的设置更多的是基于假设，无法保证与实际情况的重合。此外对生态补偿标准、方式等给出了说明，但因补偿标准的测算和确定以及生态补偿方式的合理性均是生态补偿从理论研究走向实践操作的关键点，需根据各地具体情况具体分析，但本研究并未对此有深入研究，因此迫切需要深入研究生态补偿标准测算技术与方法。

4. 今后进一步开展此领域研究以及加强项目管理的建议

在将来开展此领域研究时，应关注地区的差异性，不同地区经济、文化和生态环境均存在较大差异，因此在生态补偿实施过程中亦存在较大不同。且应选取一些代表性生态补偿案例进行具体分析，以更加清楚地了解我国生态补偿在实践中所存在的问题。此外在生态补偿立法研究中，亦应关注相关保障制度的构建，特别重视与经济、管理、法律和社会政策的内在关系，构建完整的生态补偿保障制度体系。

第二节　省级生态补偿立法示范

项目名称： 辽宁省流域水环境保护生态补偿立法示范项目

一、背景

1. 意义

水资源保护与水质安全是当今世界发展所面临的一个重要课题，相对于自然生态保护其他方面，江河断流、湖泊湿地萎缩、水源涵养功能退化、水土流失加剧等流域污染问题，已经成为制约我国流域水环境治理的症结所在。

从环境保护的相关法律法规来看，我国法律规范中明确针对流域水资源生态补偿方面的规定并不多见，有关流域生态补偿的各种法律规定往往分散在不同的环境保护

类法律中，难以形成完整的系统。

面对当前不断涌现的新问题、新形势，党的十八大报告专门将生态文明建设独立成篇，在环境利益与经济利益发生冲突时采用"环境优先"的战略思想，并将生态环境补偿列入立法计划，标志着环境立法的重心开始从建立新制度转向立、改、废并举的时代，也标志着我国生态环境补偿终于进入实际操作层面。

实践证明，流域生态补偿作为一种全新的环境经济手段和实现流域可持续发展的制度载体，要从系统理论研究的后台顺利走上全国范围内大规模实践操作的前台，必须寻求相关法律法规的支撑和保障，做到有法可依、名正言顺。

2.目标

对比分析国内外生态补偿成功经验，结合辽宁省生态补偿立法的实际需求，为进一步开展流域水环境保护生态补偿立法工作奠定基础。

3.任务内容

（1）形成《辽宁省流域水环境保护生态补偿立法示范项目》研究报告

结合辽宁省生态补偿现状及立法需求，构建流域水环境生态补偿总体框架，明确生态补偿机制结构要件，甄别生态补偿标准技术方法，并对规章制度出台后的可操作性进行分析论述。

（2）辽宁省流域水环境生态补偿管理办法

为加强辽宁省生活饮用水水源保护区的污染防治工作，保障用水安全，促进水资源保护与利用的协调和可持续发展，根据《中华人民共和国水污染防治法》和《辽宁省辽河流域水污染防治条例》制定《辽宁省生活饮用水保护补偿办法》。

4.实施及完成时间

该项目实施周期为一年半：

2013年5—9月：收集资料、开展调研，形成调研报告。

2013年9—11月：在调研工作的基础上，形成《辽宁省流域水环境生态补偿管理办法（草案）》初稿。

2013年11—12月：撰写立法项目报告，并形成《辽宁省流域水环境保护生态补偿立法示范项目》研究报告，连同《辽宁省流域水环境生态补偿管理办法（草案）》上报省政府法制办，列入2014年省政府规章立法计划。

2014年1—2月：初步征求意见和论证阶段。

2014年3—5月：根据立法机关的要求，进一步对立法草案及其他立法文件进行完善。

2014年6—8月：配合立法机关开展立法调研、征求意见和专家论证。

2014年8—9月：配合省法制办召集有关部门召开协调会，并征求意见。

2014 年 9—12 月：由省法制办上报省政府常务会议，审议通过后公布实施。

二、开展的主要活动和取得的成果

1. 在修订《辽宁省大伙房饮用水水源保护条例》中加入"实行水源生态保护补偿制度"的内容

项目进行过程中，不仅局限于项目本身，而是利用一切机会将生态补偿理念应用到实际工作中。在《辽宁省大伙房饮用水水源保护条例》修订过程中，辽宁省环保厅积极争取，将实行水源生态保护补偿制度作为条例第十六条单独提出，明确规定"省、市、县人民政府应当将大伙房饮用水水源保护区的经济社会发展纳入区域总体发展战略，制定配套政策措施，建立健全大伙房饮用水水源生态保护补偿机制，明确补偿主体和对象，合理确定补偿标准，多渠道筹集资金，将生态补偿资金列入年度财政预算，加大财政转移支付力度，保护和改善水源保护区的生态环境，保障水源水质，促进水源保护地区和其他地区的协调发展"，从而在地方法规中确定了水资源生态补偿的法律地位。

2. 出台了《大伙房水源保护区环境治理与生态补偿实施意见》

按照党的十八大、十八届三中全会关于建立生态补偿制度的相关要求，以及《辽宁省大伙房饮用水水源保护条例》的相关规定，结合大伙房饮用水水源保护工作实际，经省政府同意，由省大伙房水源办、省发展改革委、省财政厅、省环保厅、省水利厅等省直相关部门制定了《大伙房水源保护区环境治理与生态补偿实施意见》。该办法对考核目的、考核对象、考核指标、考核办法、考核结果应用、考核组织和实施都做了详细的规定，有利于形成水资源保护和节约使用的长效补偿机制。

3. 完成《辽宁省流域水环境保护生态补偿管理办法》编写

为加强全省流域水环境保护工作，健全生态补偿机制，实现水资源保护与利用的协调和可持续发展，根据《中华人民共和国水污染防治法》和《辽宁省辽河流域水污染防治条例》制定《辽宁省流域水环境保护生态补偿管理办法》。该办法对立法目的、适用范围、补偿关系、补偿资金来源、管理和使用、应急基金的建立、资金申报、筛选和监督都做了详细的规定，是符合辽宁省实际、具有指导意义的立法项目。

4. 完成《辽宁省流域水环境保护生态补偿立法示范项目研究报告》编写

为更好地落实辽宁省环保厅与环境保护部环境保护对外合作中心签订的《辽宁省流域水环境保护生态补偿立法示范项目》协议，高质量地完成流域水环境保护生态立法，完善环境经济政策，促进流域生态环境保护与经济协调发展，委托辽宁省环境科学研究院（以下简称环科院）编制《辽宁省流域水环境保护生态补偿立法示范项目研究报告》。

该报告对流域生态补偿立法的必要性和可行性进行分析，确定了流域生态补偿立法要解决的关键问题，对比流域生态补偿国内外立法实践，提出了辽宁省流域水环境生态补偿框架设计，对完善下一步工作提供必要了技术支持。

5. 向省委、省政府提交了在辽宁省建立和完善生态补偿机制的政研报告

党的十八大把生态文明建设纳入中国特色社会主义总布局，为了从制度入手加强辽宁省生态文明建设，省委政研室会同省环保厅、发改委、财政厅等部门，围绕生态补偿机制问题进行了专题研究，总结分析了辽宁省生态补偿工作现状，提出了建立和完善生态补偿机制的思路建议。相关研究内容作为省委政研室送阅件第2期《关于我省建立和完善生态补偿机制的政策建议》报省委批示，这也为辽宁省进一步推进生态文明省建设指明方向。流域水环境生态补偿作为一项内容在送阅件中被提及，这也进一步说明流域水环境生态补偿工作不仅仅是生态环境部门的工作，而是提升到全省的高度涉及全省总布局的重要地位。

三、成果评估

1. 成果的主要亮点或创新点

项目承担单位按照《支持辽宁省环保厅辽宁省流域水环境保护生态补偿立法示范项目资助协议》要求，组成了示范项目领导小组和工作小组，针对辽宁省水环境问题，开展了大量调研，与省发改委、财政厅、法制办、水利厅、国土厅、林业厅、农委等部门沟通，取得了共识并获得支持。先后召开了示范项目启动会、中期评估研讨会，开发完成了《辽宁省流域水环境保护生态补偿管理办法（上报稿）》和《辽宁省流域水环境保护生态补偿立法示范项目研究报告》。

该项目经国内外案例研究与跨部门研讨证明在立法示范探索的范围之广、立法层次之高、影响人群之多、利益相关方之复杂等方面均没有先例，在组织协调和试点探索方面成功克服时间紧、任务重等诸多困难。一是在生态补偿设计上，充分考虑到政府等公共性质资金、市场化资金之外，对兼具上述双重属性资金进行创新性梳理、试点性调节和机制性规范。二是在生态补偿立法示范过程中，将立法草案的研究与对流域管理体系和社会各界参与宣传、推动紧密结合，支持了省流域管理机构、立法部门、省委、省政府相关决策，将省流域生态补偿总体立法与重点区域先行立法试点同步推进，以影响下游7个城市2 300万人口、覆盖本省4县1区的大伙房饮用水水源保护区为立法示范区，在项目期间，成功支持省人大颁布《辽宁省大伙房饮用水水源保护条例》，将"实行水源生态保护补偿制度，合理确定补偿标准"等原则纳入该条例，为下一步全省流域生态补偿管理办法的出台和不同区域流域在大伙房水源保护区示范基

础上推广生态补偿实践奠定基础。

《辽宁省流域水环境保护生态补偿立法示范项目研究报告》从政治意愿、实践基础和科学研究三方面阐述辽宁省流域水环境生态补偿机制建立的重要意义，系统整合辽宁省流域水环境生态补偿的主体、对象、补偿途径、运行机制、资金筹集管理机制和监督保障机制等关键结构要件，遵循市场化原则，建立生态补偿机制的战略定位，实现流域生态补偿服务从"无价"到"有价"的根本转变。

2. 成果的价值和已有应用

项目成果已经在辽宁省流域水环境生态补偿工作中得到应用。2014 年 9 月颁布的《辽宁省大伙房饮用水水源保护条例》明确写入"实行水源生态保护补偿制度"条款。与辽宁省委政研室共同起草了《关于我省建立和完善生态补偿机制的政策建议》，为省委、省政府行政决策提供了技术支撑。

3. 项目设计、实施过程及项目管理中存在的经验、不足和问题

① 经验：本项目设计合理，目标明确，面向国内主要研究机构公开招标，从项目管理机制上确保了项目成果的质量；项目承担单位严格按照工作大纲的要求，按时间节点完成各项任务，并在一年之内分中期、终期两次召开专家咨询会，邀请了诸多国内顶尖学者评议，并根据意见反复修改、完善，从科学研究范式上确保了项目成果的水平。

② 不足和问题：生态补偿立法项目涉及的理论和技术问题很多，在国际上也是一个逐渐推进的过程，为期 1 年半的工作应视为一个阶段性总结，还应该充分考虑经济学和生态学之间的耦合发展历史，给予长期、持续地重视。

4. 今后进一步开展此领域研究以及加强项目管理的建议

① 应对基于生态服务系统功能价值的生态补偿标准测算方法进行适当调整，使其结果具有可操作性。

② 通过建立健全生态环境靠着指标体系，将生态环境保护和改善生态环境工作的考核结果应用于生态化解保护补偿资金分配中。

③ 应在省发展改革委、财政厅、法制办、水利厅、国土厅、林业厅、农委等部门间建立良好的沟通机制，使项目在最大范围内取得共识和支持。

④ 生态服务价值变化趋势与土地利用变化必须保持一致。

总之，生态补偿是生态文明建设的重要组成部分，必须同时遵循社会经济规律和自然生态法则，在跨学科的交流和研究应用的交融中进一步发展完善。

第三节　生态补偿机制研究

项目名称：自然保护区生态补偿机制研究

一、背景

1. 意义

截至 2015 年，我国已经建立各级各类自然保护区共计 2 700 多个，有效地保护了我国重要的生态系统及野生动植物。从 20 世纪 70 年代开始，我国已经逐步开展生态补偿实践与研究，但由于我国自然保护区数量多、面积大、分布不均匀，自然保护区生态补偿仍面临补偿目标不明确、资金来源和补偿方式单一、补偿机制不健全等问题。

为贯彻落实《生态文明体制改革总体方案》（2015 年）中有关完善生态补偿机制的要求，完善自然保护区管理、提升保护成效，解决我国自然保护区资金短缺的难题，协调自然保护区保护与周边地区发展的矛盾，开展自然保护区生态补偿机制研究。

2. 目标

根据调查研究结果，结合典型自然保护区的调研考核及生态补偿标准核算、生态补偿机制等成果，编写《自然保护区生态补偿调查研究报告》《我国自然保护区生态补偿机制建议研究报告》《我国自然保护区生态补偿机制实施方案建议》。

3. 任务内容

课题组开展的主要研究内容包括：调查研究国内外自然保护区生态补偿机制研究进展及案例；研究适合我国国情的自然保护区生态补偿机制；结合提出典型自然保护区，研究自然保护区生态补偿机制、实施方案建议。

（1）自然保护区生态补偿机制调查研究

通过查阅国内外自然保护区生态补偿案例现状，自然保护区生态补偿机制相关的研究进展文献、文件及其他资料，研究国内外自然保护区生态补偿基本概念、原理、补偿标准的确定方法，总结国际自然保护区生态补偿的基本定义、补偿机制、补偿标准的确定方法以及补偿实践存在的问题等。

调研国内外有关自然保护区生态补偿案例，整理典型自然保护区生态补偿案例的生态补偿运行机制与管理体制；分析我国自然保护区生态补偿试点的资金机制、补偿标准、实施效果以及存在的问题。

根据上述调查研究，编制《自然保护区生态补偿机制调查研究报告》。

（2）我国自然保护区生态补偿机制建议研究

调查分析我国不同类型自然保护区的基本特征及生态保护的重要价值，针对我国自然保护区管理面临的资金短缺问题，结合自然保护区生态补偿机制调查研究成果，研究适合我国自然保护区基本特征和我国国情的自然保护区生态补偿机制。研究我国自然保护区生态补偿定义、基本原则、补偿机制及补偿机制的运行管理模式等；研究我国自然保护区生态补偿标准核算方法体系；编制《我国自然保护区生态补偿机制建议报告》。

（3）自然保护区生态补偿机制实施方案建议

选择典型自然保护区开展实地调研和考察，用自然保护区生态补偿标准核算方法核算典型自然保护区生态补偿标准，结合典型自然保护区的管理现状提出典型自然保护区的生态补偿机制实施方案。典型自然保护区生态补偿机制应包括生态补偿的运行、协调与管理等方面内容。以此为基础，提出我国自然保护区生态补偿机制实施方案框架，为我国自然保护区生态补偿提供技术支持。

4. 实施及完成时间

根据项目合同规定的任务内容，本项目从 2014 年 10 月开始实施，至 2015 年 12 月 11 日完成验收评审。

二、开展的主要活动和取得的成果

1. 自然保护区生态补偿机制研究

本项目开展了"自然保护区生态补偿机制研究"，基于国内外自然保护区生态补偿的理论与实践，对自然保护区生态补偿的内涵与特点进行了辨析；梳理了我国自然保护区生态补偿的发展历程，总结了我国当前自然保护区生态补偿实践中存在的经验与不足；并对美国、加拿大、德国、巴西等国家的自然保护区生态补偿情况进行了调查，对国外自然保护区生态补偿的特点进行了归纳。

在此基础上，研究提出如下关于自然保护区生态补偿机制建设的建议：

① 以国家政府为主导，促进多元主体参与。国家作为自然保护区的所有者、管理者以及政策制度的决策者、制定者，在自然保护区生态补偿政策制定与落实上起着决定性的作用。在国家制定的政策框架体系下，充分强调社会主体的多元参与，鼓励和支持地方政府、企事业单位、个人等参与生态补偿，发挥各方优势，引导其按照生态补偿的总体目标共同努力，促进生态补偿的广泛深入实施。

② 明确补偿主客体及其权责。当前实施的一些生态补偿中存在对生态保护者合理补偿不到位，生态保护者责任不到位，生态受益者、开发者履行补偿义务意识不强等

问题，亟待进一步明晰与规范生态补偿主体与客体各自的义务与权利。自然保护区利益相关者众多，在明确各方利益相关者的关切与诉求的基础上，基于经济学、生态学等相关理论建立自然保护区生态补偿概念模型，将有助于识别自然保护区生态补偿的主客体。

③ 避免单一补偿方式，拓展多种途径。生态补偿财政负担大，受财政支付能力所限，单一依赖公共财政进行自然保护区生态补偿会影响补偿项目的可持续性。近年来，市场化运作的生态补偿日益增多，贸易补偿、生态补偿税/费、信贷交易、生态补偿保证金等市场化的补偿方式已在不同领域的生态补偿中得到应用并取得了良好的示范效果。

④ 科学制定生态补偿标准。"一刀切"的补偿标准设计往往会导致政策实施脱离实际，使生态补偿在有些地区出现过度补偿、低补偿和踩空现象。生态补偿标准的确定需要考虑多个方面的因素，包括生态服务功能价值、环境治理或生态恢复成本、生态受益者的获利情况以及支付意愿或者受偿意愿等。

⑤ 完善法律保障，健全配套制度体系。加快自然保护区生态补偿相关立法，将自然保护区生态补偿概念、补偿原则、补偿主客体、补偿方式、补偿渠道等内容法制化，完善自然保护区生态补偿法律保障体系。

⑥ 避免重建设、轻保护，充分尊重社区居民的利益。在我国已开展的生态补偿实践中，用于生态建设的资金比例最大。特别是基本建设、人员工资、办公事业费在保护区各项经费中使用中所占比例较大，而保护性支出占比较小。重建设、轻保护的问题突出。资金投入结构需要调整。

⑦ 建立补偿评估机制。加强对生态补偿制度的科学研究，提高生态补偿理论水平，完善生态补偿管理评估办法，巩固生态补偿成效。根据开展自然保护区生态补偿工作的需要，加强对自然保护区生物多样性监测与评估体系建设，提高生物多样性监测能力，强化自然保护区生物多样性保护管理执法水平。

2. 我国自然保护区生态补偿机制建设方案

基于自然保护区生态补偿基本概念、机制的概念、生态补偿相关术语以及自然保护区生态补偿指导思想、基本原则确定了自然保护区生态补偿机制构架。本项目认为自然保护区生态补偿机制框架主要包括两部分，一是厘清自然保护区生态补偿体制，找出自然保护区生态补偿的各相关方；二是制定自然保护区生态补偿制度，明确各相关方协调发展的运行方式。

从与自然保护区的空间关系来区分自然保护区生态补偿各部分及其关系，可将自然保护区生态补偿的各部分分为自然保护区、社区、包含自然保护区的密切相关区域、若干受自然保护区保护影响的相关区域、受若干自然保护区保护影响的大尺度区域5

大部分。

通过对各组成部分补偿关系分析确定自然保护区生态补偿机制的利益相关方主要有政府与各利益相关方、自然保护区与社区、自然保护区与所在区域、自然保护区与相关区域、相关自然保护区区域 5 个方面，从而确定自然保护区生态补偿核心利益相关方，即自然保护区对内部利益相关者保护区管理局和原住民的生态补偿，以及外部利益相关者开发利用者、消费者、邻近社区、学术团体、环保机构与个人和其他群体对自然保护区的生态补偿。

根据本研究确定的自然保护区生态补偿核心利益相关者，从利益相关者的角度分析，其补偿内容及方式主要有以下几方面：一是对自然保护区管理局的生态补偿，二是对自然保护区内社区居民的补偿，三是开发利用者对自然保护区自然资源开发的补偿，四是消费者对自然保护区自然资源利用的补偿，五是对自然保护区与个人投入努力与成本的补偿。针对不同的补偿内容，有不同的补偿方式。

根据现有的生态补偿标准确定方法，给出我国自然保护区生态补偿标准核算建议。根据自然保护区建设管理的不同时期，制定生态补偿标准；不同类型自然保护区的特征、自然保护区建设成本、自然保护区生态破坏恢复和修复成本等，估算自然保护区生态补偿标准范围；结合地区经济发展水平、国家及地方政府的支付能力、企业的支付能力及意愿等各方面因素，确定不同地区不同自然保护区的生态补偿标准。

根据我国自然保护区管理现状及生态补偿试点的特征，建议自然保护区生态补偿管理组织机构建立分两种方式。一是依托现有自然保护区管理机构，将自然保护区生态补偿相关职能进行划转，成立自然保护区生态补偿管理专项办公室；二是以非政府组织形式成立第三方管理机构，即成立自然保护区生态补偿 NGO 协会。现阶段我国自然保护区生态补偿机制的资金主要来源于公共财政支付、NGO 组织支持和 PPP 融资模式三个方面。从法律体系、管理制度、监督制度三个方面完善自然保护区生态补偿管理制度建设。

3. 我国自然保护区生态补偿机制建设实施方案

自然保护区生态补偿机制建设以科学发展观为指导，以促进社会对自然生态资源的保护与使用的公平性、增进人民福祉为出发点和落脚点，拟定我国自然保护区生态补偿机制建设实施方案。

我国自然保护区生态补偿机制建设实施方案坚持可持续发展原则、公平性原则、开放性原则、可操作性原则。其总体目标是建立以政府为主导、多方参与的不同类型、不同级别的自然保护区生态补偿机制体系，完善有关法律制度，制定科学的补偿标准，建立严格的监管机制，提升自然保护区生态保护成效，促进自然生态保护区生态保护贡献者与受益者的权益公平性，使自然保护区生态保护与社区社会经济可持续发展。自然保护区生态补偿机制建设是一项系统工程，涉及部门多、人员广，需分阶段逐步实施。

近期实施方案建议如下：

明确自然保护区生态补偿组织机构及职能。完善自然保护区生态补偿机制的顶层设计，拟定相关法律法规，筹措监管资金，拟定补偿技术方案，组织实施并评估自然保护区生态补偿实施效果。建立自然保护区生态补偿管理体系。完善自然保护区生态补偿中央—地方法律体系，建立自然保护区生态补偿信息档案体系，建立资金管理体系。构建自然保护区生态补偿资金筹措体系。稳定生态补偿公共财政投入，构建适宜的补偿税收机制，探索实行环境押金制，发展市场融资形式，鼓励倡导捐赠与资助等。制定自然保护区生态补偿标准。根据自然保护区建设管理的不同时期，制定不同的补偿标准；不同类型的自然保护区制定不同的标准；不同区域分布的自然保护区制定不同的补偿标准。筛选典型自然保护区先行试点。在全国范围内筛选不同级别、不同类型、不同区域的 20～30 个典型自然保护区（基础较好、基础较差）开展试点示范。针对自然保护区生态补偿面临的问题，探索试点示范自然保护区生态补偿机制，为进一步全面开展生态补偿机制建设提供试点示范经验。

为保障自然保护区生态补偿机制建设方案顺利实施，需建立自然保护区生态补偿机制管理办公室，加强组织保障建设；将补偿纳入财政预算，加强资金筹措、使用、监管等管理；加强补偿标准及补偿模式的研究；完善补偿法律体系；培养从业人才；加强社会监督等。

三、成果评估

1. 主要亮点及创新点

项目研究的主要创新点如下：

① 厘清自然保护区生态补偿体系的核心利益相关方。

② 提出我国自然保护区生态补偿机制建设实施方案建议。

2. 成果价值及应用

研究提出的自然保护区生态补偿机制分阶段实施建议，具有较强的可操作性，可为我国完善及构建自然保护区生态补偿机制提供建议。

3. 存在的问题及建议

自然保护区生态补偿机制构建涉及的利益相关方众多，资金筹措难度大，补偿标准核算尚无公认的核算方法体系，建议进一步开展自然保护区生态补偿研究，深入开展自然保护区生态补偿标准、补偿利益分享、补偿成效评估技术方法、补偿管理模式等研究，为完善我国自然保护区生态补偿机制提供科技支撑。

自然保护区利益相关者见图 5-3-1，关系见图 5-3-2。

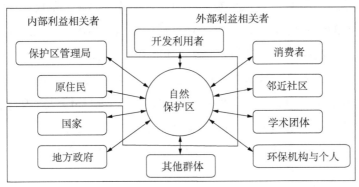

图 5-3-1 自然保护区利益相关者示意

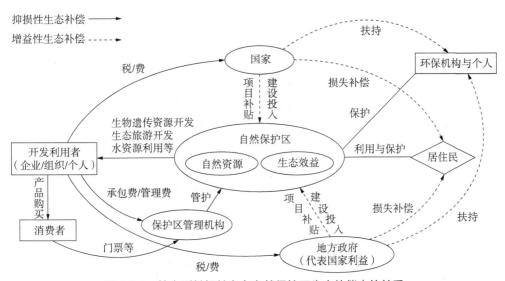

图 5-3-2 核心利益相关者在自然保护区生态补偿中的关系

四、衡水湖自然保护区生态补偿调查评估

河北衡水湖国家级自然保护区地处河北省衡水市区西南 10 公里处，坐标范围在 115°28′27″—115°41′54″（E）、37°31′39″—37°41′16″（N）。衡水湖为典型的内陆封闭型汇水湖泊，也是华北平原地区面积仅次于白洋淀的第二大内陆淡水型湿地，总面积为 163.65 平方公里，主要保护对象为国家重点保护鸟类及其栖息地的淡水湿地生态系统。

保护区内目前记录鸟类 17 目 50 科 321 种。其中，列入《国家重点保护野生动物名录》国家 I 级重点保护鸟类的有 7 种，II 级重点保护鸟类有 49 种；列入《中日保护候鸟和栖息环境的协定》中的保护鸟类有 156 种；列入《中澳保护候鸟及栖息环境的协定》中的保护鸟类有 44 种。

保护区范围内现有自然村 106 个，总人口 64 697 人（2014 年），人口密度为290.4 人 / 平方公里。居民主要从事农业、渔业、林业、商业、畜牧业及外出务工，年人均年收入为 6 339 元（2014 年），增长速度低于全国平均水平。旅游业是湖区居民重要收入来源之一，2014 年共接待游客量为 1 400 万人 / 次，旅游年收入为 1 600 万元。

保护区现有生态补偿主要包括：湖泊生态补偿和保护区内居民补偿两类，生态补偿总金额为 6.21 亿元。湖泊生态补偿主要有湿地生态效益补偿试点项目、良好湖泊生态环境保护专项、湖泊治理项目、保护区能力建设资金、世界银行支持项目，总金额为 5.99 亿元；居民补偿主要有湖占地补偿、退耕补偿、农场补偿、养殖场补偿、全国粮农补贴等，总金额为 0.22 亿元。

当前保护区生态补偿面临的问题主要有：生态补偿标准偏低，保护工作面临挑战；补偿方式仍以政府财政补贴的"输血式"补偿为主；针对保护区范围内及周边企业大量外迁以及增加环保措施的补偿资金较少；当前生态补偿多为短期、项目形式的补偿，缺乏长效补偿机制；自然保护区生态补偿缺乏立法保障。

为完善自然保护区生态补偿机制，建议今后应着重在构建自然保护区生态补偿长效机制、完善生态补偿管理制度、规范生态补偿财政制度、制定合理的补偿标准核、构建"PPP"生态补偿资金融资模式等方面予以加强。

第四节　生态服务价值评估研究

项目名称：生态系统服务价值评估技术与应用研究

一、背景

1. 意义

生物多样性是国家重要的战略资源，是社会经济可持续发展的物质基础。我国是世界上生物多样性最丰富的 12 个国家之一，但生物多样性丧失与生态系统退化趋势仍未得到有效遏制，其中最重要的原因就是生物多样性和生态系统服务的价值没有得到广泛的认可。

目前，世界上已有 30 多个国家进行了生态系统服务价值评估研究，取得较多研究成果。但由于价值评估对象选择片面、不同生态系统估值方法不统一、数据来源存在缺陷等问题的存在，导致估值结果的可信度和权威性不足，未能获得普遍认可和应用。

由此可见，明确我国生态系统服务价值，对于加强中国生物多样性保护机制和提高生物多样性管理机构能力具有重要意义。

2. 目标

揭示生态系统服务价值评估国内外研究现状，建立适用于我国的生态系统服务价值评估技术，指导和开展案例研究，为我国生态系统服务价值评估提供指导方法和示范。

3. 任务内容

（1）梳理、分析国内外生态系统服务价值评估研究现状，并进行综合评述

梳理国际生态系统服务价值评估研究现状与进展；梳理并掌握国内生态系统服务价值评估相关工作和研究基础，明确中国生态系统服务价值评估的目的和主要内容。

（2）整理与分析国内外生态系统服务价值评估方法与工具

收集国内外进行生态系统服务价值评估的方法与工具，分析相关指标体系构成、基础数据来源等信息组分，评估各方法与工具的优缺点与估值应用可行性。

（3）构建生态系统服务价值评估方法体系

借鉴国内外已有的生态系统服务价值评估方法，分析中国生态系统服务特征并确定各类生态系统服务的价值；从基础数据可获得性及可用性的角度，筛选可用于价值评估的物理指标；构建生态系统服务价值评估方法体系。

（4）开展区域生态系统服务价值评估案例研究，完善价值评估方法

选定 1 个典型区域作为示范区，采用已构建的生态系统服务价值评估体系进行价值评估。

（5）基于以上结果，为生态系统服务价值评估提出指导建议

综合所构建的生态系统服务价值评估方法体系与案例研究结果，为我国的生态系统服务价值评估工作提出指导建议。

4. 实施及完成时间

该项目实施周期为一年：

2015 年 1—2 月：完成国内外生态系统服务价值评估研究现状评述；

2015 年 3—4 月：完成生态系统服务价值评估方法评述；

2015 年 5—8 月：完成生态系统服务价值评估指标体系构建和方法体系构建；

2015 年 9—11 月：完成中期评审，完成案例报告；

2015 年 12 月：召开专家评审会，项目结题。

二、开展的主要活动和取得的成果

1. 活动 1 的主要工作和取得的成果

从生态系统服务价值评估发展历史、国内外文献综述、目前研究存在的问题以及未来发展趋势等四个方面分析了生态系统服务价值评估研究现状，全面概括了生态系统服务的完整内涵以及生态系统服务与人类福利的关系，总结了生态系统服务功能及其价值评估的基础理论。"生态系统服务"一词的演变经历了 100 多年的发展历史。从 19 世纪 60 年代首次提出生态系统对人类生产生活发展具有重要的服务功能，到 20 世纪 70 年代提出了生态系统的不同服务功能，最后在 20 世纪 80 年代确定为"生态系统服务"。20 世纪 90 年代后期生态系统服务内涵又进一步丰富和发展，最具代表性的是 1997 年 Daily 和 Costanza 等对生态系统服务价值评估研究。

生态系统提供的服务功能多种多样，相互之间又存在错综复杂的关系，功能多样性又导致生态系统服务具有多种价值。本研究倾向于使用国际上比较权威的千年生态系统评估报告（MA）分类体系，主要依据人类获得效益的关系，将生态系统服务功能分为供给服务、调节服务、文化服务和支持服务 4 大类。

生态系统服务价值的评估从 19 世纪 60 年代中后期才刚刚开始，而近 10 年来已经成为生态学和生态经济学研究的一个热点领域，突出的特征就是发表论文的数量几乎呈指数上升。无论是国内还是国外，不断增长的期刊论文数量体现了生态服务价值领域研究的不断深入。

现有的针对生态系统服务价值的研究，不论在研究方法还是研究结果方面都存在很大分歧。不同的内涵设定、指标取舍和核算方法都是导致其研究结果有所不同的原因。在未来发展中，应该要深入重点研究生态系统服务 - 结构 - 过程之间的复杂性与关联性，建立生态服务综合评价的理论与技术方法，研究人类社会经济活动胁迫下生态系统服务的响应机制，揭示政策变化以及消费方式对生态系统服务维持与保育的长远效应。

2. 活动 2 的主要工作和取得的成果

从评估技术研究的进展、评估方法模型、2 种评估方法等方面分析国内外生态系统服务价值评估方法，构建生态系统服务价值评估方法框架体系。最早的生态系统服务功能价值的评估可以追溯到 20 世纪 20 年代，国外学者首次用费用支出评估野生生物的经济价值。随后几十年，条件价值法、费用—效益法、损益法等方法在生态系统服务价值评估中得到应用和发展。不同组织机构也展开了对生态环境与经济综合核算的研究，并提供了总体思路与框架以及一些生态价值的核算方法。进入 21 世纪后，国外学者在全球和区域尺度、流域尺度、单个生态系统尺度、单项服务价值方面开展了大量的研究工作。我国学者特别是生态学界的研究人员在此领域做了许多积极的贡献。主要是探索性研究，从中国不同尺度（流域、区域、国家）和不同类型（河流、森林、草地等）开展了生态服务价值的研究，与此相对应的一些评价模型也开始应用到该研究领域，同时开始探讨生态系统服务理论与方法与其他研究方向的融合。

生态经济学家根据生态系统提供的各项价值并结合环境经济学，逐步确立了一些生态系统功能价值的评估方法，并逐步运用这些评估方法进行生态价值的评估，取得了大量的成果。根据生态经济学、环境经济学和资源经济学的研究成果，目前较为常用的评估方法可分为三类：第一类直接市场法，第二类替代市场法，第三类假想市场价值法。因为生态系统的复杂性和整体性，每一种评估方法都有最佳的使用环境和使用要求，为使评估结果更具真实性和科学性，就必须要了解目前评估方法的原理、使用范围和优缺点。当前生态系统服务功能评估模型主要有 InVEST、ARIES、SolVES 等 10 种模型，是以已有的理论和研究成果为基础，以遥感数据、社会经济数据、GIS 技术为支持，用于评价多种生态系统服务功能，减少评估差异，能够为决策和管理人员提供生态系统服务功能的供应以及管理对服务功能产生的影响。

本报告以 MA 的生态系统服务价值评估框架为基础，综合 TEEB 的研究，建立一套比较全面的生态系统服务价值评估指标体系。根据生态系统服务产生的特点以及效用表现形式，将生态系统服务分为三个层级类型，一级为服务类型，包括供给服务、调节服务、文化服务和支持服务；二级为功能指标，包括产品提供、调节服务、文化享受等；三级为要素分类，包括食物供给、气体调节、科研教育等。生态系统除了共同具有的生态系统服务种类之外，不同生态系统还具有特性生态系统服务。本研究建议的评估框架为"N+X"，其中"N"为共性生态系统服务，"X"为所研究的目标生态系统在共性之外单独具有的特性生态系统服务。

另外，为了更准确地评估生态系统服务价值，本报告还采用基于农田修订的当量因子法对中国生态系统服务价值评估，实现了对不同生态系统类型、不同生态服务功能的价值评估，建了一套更加符合我国国情的生态系统服务快速评价体系。

3. 活动 3 的主要工作和取得的成果

以三江平原为案例研究，分别定量评估了三江平原不同生态系统的服务价值以及生态价值的构成情况，揭示森林和湿地在该区域生态系统服务功能中的重要地位，可以为生态补偿及资源可持续利用提供科学依据。

三江平原位于黑龙江省的东北部，总面积 1.089×10^4 平方千米，是由黑龙江、松花江、乌苏里江冲积形成的低平原。本区行政区划分属佳木斯市、鸡西市、双鸭山市、七台河市和鹤岗市所属 21 县（市）和牡丹江所属的穆棱市、哈尔滨所属的依兰县。三江平原的经济产值以农业经济为主，并且农业以种植业和牧业为主，林业和渔业比重相对较小。20 世纪 90 年代中后期，三江平原的粮食种植结构发生了较大变化，由种植豆、小麦为主的农作物逐步向种植大豆、玉米和水稻为主转换，尤其是水田发展迅速。这主要是由于三江平原土地利用结构在 1976—2010 年发生了较大的变化。从 1976 年以来，耕地（包括旱地和水田）面积不断增加，成为三江平原地区土地利用主要类型，占整个区域 50% 以上。而湿地被大规模的排干造田，其面积由 1976 年的 20.45% 下降到 2010 年的 6.36%。林地面积变化略微复杂，出现先上升后下降的趋势。草地面积有 1976 年 833 437.1 公顷，到 2010 年缩减为 228 558 公顷，34 年间共减少 604 879.1 公顷。水域的面积变化相对较小，面积的增加主要是修建水库以及建设水渠引起的。

本研究采用两种体系：一是基于生态系统功能核算构建了相对完善的生态系统服务指标体系。指标框架分为供给服务、调节服务、文化服务和支持服务等 4 个类型 9 个指标，选择粮食生产、水产品生产、水资源供给、生物多样性维持、土壤保持、水文调节、文化服务、气体调节和气候调节等 9 个核心服务价值指标对三江平原生态系统服务价值进行了评估。此外，本报告还评价了不同生态系统的特殊的服务价值，如森林生态系统的防护农田价值、湿地生态系统补充地下水价值、草地生态系统畜牧生产价值、农田生态系统社会保障价值以及水域生态系统水力发电价值。评估结果显示：三江平原生态系统服务价值仍达到 $5\ 217.74 \times 10^8$ 元 / 年。二是基于粮食产品和 NPP 修正的陆地生态系统单位面积构建了服务价值当量因子表。评估结果：三江平原生态系统总价值为 $5\ 108.85 \times 10^8$ 元，占全国生态系统服务总价值的 1.34%。不同生态系统的生态服务价值对总价值的贡献率有较大差异，森林生态系统、河流湖泊生态系统和湿地生态系统的贡献率为最高，分别为 37.85%、26.79% 和 20.59%。在三江平原每年的生态系统服务价值中，水文调节价值占 36.17%，气候调节价值占 16.04%，水资源供给价值占 10.24%，生物多样性价值占 8.91%，土壤保持价值占 8.50%，气体调节价值占 8.24%，原材料价值、美学景观、食物生产价值所占比例较小，分别为 2.52%、4.55% 和 4.83%。

本报告针对共性指标和特性指标，同时用功能价值法和当量因子法两种结果进行比较，发现从不同生态服务类型来看，当量因子计算的不同生态服务价值要略低于功能价值法计算的价值。但总体上来看，两种方法计算结果相差无几（2%）。这可能是由于价值的价格基础、方法差异以及人类认识不同等。

最后，本研究对我国生态服务价值评估提出几点建议：一是不同的评价体系，经过横向比较后相互借鉴，取长补短，是可以在结果上取得共识的；二是基于生态系统服务功能价值量的"灰箱"核算虽然复杂烦琐，但对于厘清生态过程与经济价值之间的内在联系，是非常必要的，建议对具体计算指标考虑数据的可获取性"抓大放小"；

三是基于当量因子的"黑箱"评估简单快速，但应根据当地的粮食产量或 NPP 进行地区修订；四是生态服务价值变化趋势与土地利用变化必须保持一致。总之，生态补偿是生态文明建设的重要组成部分，必须同时遵循社会经济规律和自然生态法则，在跨学科的交流和研究应用者的合作中进一步发展完善。

三、成果评估

1. 成果的主要亮点或创新点

① 首次提出"N+X"评价体系：依据 TEEB 生态系统服务价值评估指标体系和方法体系，指标框架分为供给服务、调节服务、文化服务和支持服务等 4 个类型 9 个指标，选择粮食生产、水产品生产、水资源供给、生物多样性维持、土壤保持、水文调节、文化服务、气体调节和气候调节等 9 个核心服务价值指标对我国陆地生态系统服务价值进行了评估。此外，本报告还评估了不同生态系统的特殊的服务价值，如森林生态系统的防护农田价值、湿地生态系统补充地下水价值、草地生态系统畜牧生产价值、农田生态系统社会保障价值以及水域生态系统水力发电价值。

② 基于生态系统功能核算构建了相对完善的生态系统服务指标体系，基于粮食产品和 NPP 修正的陆地生态系统单位面积构建了服务价值当量因子表。当量因子的确定借鉴了部分基于实物量方法的评价结果，避免或者减少了单纯以专家经验打分导致的主观臆断性。基于不同生态系统结构、功能和生态过程，按照科学性、系统性、独立性、敏感性、可操作性等多项原则，运用层次分析法构建了一套符合我国国情的陆地生态系统服务功能评估指标体系框架。指标体系框架分供给服务、调节服务、文化服务和支持服务等 4 个方面 26 个项目 51 个指标。确定了各服务指标的公式和重要性参数，并对不同生态系统服务功能指标进行了综合评估。

③ 同时利用功能核算法和当量因子法对同一示范区进行生态系统服务价值评估，分别计算了可以横向比较的 8 种生态系统服务，结果差距非常小，仅为 2% 左右，得到了较一致的结果。

2. 成果的价值和已有应用

在分析生态系统服务功能形成机制的前提下，本报告深入探讨生态系统服务及其价值评估的基础理论和方法，寻找一套符合我国国情的生态系统服务评估体系，为科学、准确和动态地评估我国生态系统的服务价值奠定了基础。

根据生态系统不同服务类型和不同的价值标准，在生态系统服务与市场价值体系之间建立桥梁，为决策者提供充分的信息，对社会经济发展、生态环境建设与保护、各级政府进行宏观决策以避免生态系统服务的短视经济行为都具有重要的科学意义。

生态系统服务概念的提出丰富了生态学的内涵，联合国"千年生态系统评估"项目更为全球范围内推动生态学的发展和改善生态系统管理做出了重要贡献，甚至被称为生态学发展到一个新阶段的里程碑。开展生态系统服务价值评估可以有效衡量生态系统对社会经济系统的主要贡献，同时增强了人们对生态系统的保护意识。此外，人类在开发资源的过程中，获得直接经济利益的同时可能损失更多生态系统服务价值。通过价值评估可帮助在社会经济活动的决策中权衡得失，从而影响人们对生态系统的使用方式，帮助保护环境，保育生态。

潜在应用领域包括：生态效益补偿和生态功能区划等。

3. 项目设计、实施过程及项目管理中存在的经验、不足和问题

① 经验：本项目设计合理，目标明确，面向国内主要研究机构公开招标，从项目管理机制上确保了项目成果的质量；项目承担单位严格按照工作大纲的要求，按时间节点完成各项任务，并在一年之内分中期、终期两次召开专家咨询会，邀请了诸多国内顶尖学者评议，并根据意见反复修改、完善，从科学研究范式上确保了项目成果的水平。

② 不足和问题：生态系统价值评估涉及的理论和技术问题很多，在国际上也是一个逐渐推进的过程，为期 1 年的工作应视为一个阶段性总结，还应该充分考虑经济学和生态学之间的耦合发展历史，给予长期、持续地重视。

4. 今后进一步开展此领域研究以及加强项目管理的建议

① 不同的评价体系，经过横向比较后相互借鉴，取长补短，是可以在结果上取得共识的。

② 基于生态系统服务功能价值量的"灰箱"核算虽然复杂烦琐，但对于厘清生态过程与经济价值之间的内在联系，是非常必要的，建议对具体计算指标考虑数据的可获取性"抓大放小"。

③ 基于当量因子的"黑箱"评估简单快速，应根据粮食产量或 NPP 进行地区修订。

④ 生态服务价值变化趋势与土地利用变化必须保持一致。

总之，生态补偿是生态文明建设的重要组成部分，必须同时遵循社会经济规律和自然生态法则，在跨学科的交流和研究应用的交融中进一步发展完善。

第五节　基于生物多样性的生态补偿

项目名称：基于生物多样性的生态补偿案例研究

一、背景

1. 意义

我国国土辽阔、气候多样、地理条件复杂，形成了类型多样化的生态系统，使我国成为全球生态系统第一大国、生物多样性第三大国。然而在开发利用时，对生物多样性重要性认识不足，多年来持续的人口和经济增长、对自然资源的过度利用和对环境的破坏，使得栖息地片段化或丧失、农业和林业品种单一化、外来物种入侵等，生物多样性正面临着前所未有的严重威胁。研究生物多样性生态补偿相关案例，有助于相关生态补偿的合理实施，有助于稳定区域生态环境，改善区域的生态环境质量，遏制和恢复已经或正在遭受危险的生物多样性。

此外我国对生态补偿制度法制化问题的研究尚处于起步阶段。生态补偿立法对于提高生态补偿实践性具有重要意义，生物多样性的生态补偿亦是如此。研究与生物多样性密切相关领域的生态补偿案例，能够为我国开展基于生物多样性的生态补偿立法提供技术支持，有助于制定"更科学、更中国"的基于生物多样性的生态补偿制度，实现基于生物多样性生态补偿相关内容的规范化和法制化。在《中国生物多样性保护战略与行动计划（2011—2030年）》的框架下，有效应对现有及潜在的威胁因素，更好地促进人与自然的和谐发展，推进我国生态文明建设。且基于生物多样性的生态补偿法律制度的构建可以保障社会资本和财富分配的相对公平，使受益地区的财富向受损地区转移，给受损地区更多实现发展的资金和机会，有助于协调区域间经济发展不平衡的问题。

2. 目标

项目的目标主要表现为以下几方面：一是总结分析国内外基于生物多样性的生态补偿实践的成功经验和不足之处，并全面科学分析对我国开展基于生物多样性的生态补偿的参考价值；二是通过生态补偿具体案例研究，提出切实可行且能够保障我国省级基于生物多样性的生态补偿有法可依的解决方案和管理流程，为我国省级生态补偿立法提供技术支持，为国家层面基于生物多样性的生态补偿立法实践和建立符合中国国情的基于生物多样性的生态补偿制度做准备。

3. 任务内容

项目主要内容规定可概括为："国内外案例研究""生态补偿试点现状分析""基于经验借鉴的省级生物多样性生态补偿立法建议"三个方面。具体内容包括国际基于生物多样性的生态补偿案例研究，通过文献研究、资料收集和已有相关研究成果整理，回顾分析发达国家和发展中国家基于生物多样性生态补偿案例；国内基于生物多样性的生态补偿案例研究，总结分析我国基于生物多样性的生态补偿现状，并选择基于生物多样性的生态补偿具体案例进行深入分析；我国省级生态补偿立法建议，通过国内外基于生物多样性的生态补偿案例研究及我国生态补偿现状分析，全面掌握生物多样性保护纳入生态补偿的现状、技术和立法经验，为完善我国生态补偿立法，通过生态补偿立法保护生物多样性、保障国家可持续发展、建设生态文明做好准备提出可操作性建议。

4. 实施及完成时间

项目于 2014 年 12 月开始实施，于 2016 年 1 月完成。

二、开展的主要活动和取得的成果

1. 活动 1 的主要工作和取得的成果

项目首先深入了解生态补偿定义和研究现状，分析生物多样性保护所面临的挑战，了解国际生物多样性保护相关公约及立法，总结我国生物多样性保护的现状、现行的政策法规及战略进展等内容，在此基础上分析基于生物多样性的生态补偿构建的必要性与可行性及其层次性。

首先，界定生态补偿定义并论述相关研究现状。从不同角度可对生态补偿做出不同的定义，本研究认为生态补偿是通过各种手段调节利益相关者之间的关系，以达到保护生态环境、促进人与自然和谐的目的。与国外研究相比，目前我国生态补偿研究还不够深入，研究层面主要集中生态补偿概念、补偿必要性等宏观层面上。微观层面如生态损失的核算、生态补偿模型的构建、生态补偿标准的确定等重要问题的研究还不够深入。其次，研究领域狭窄单一，研究重点不突出。我国学者对森林生态补偿的研究比较集中，对流域、自然保护区、生物多样性等补偿研究的较少，而且对生态补偿效果评估研究仍相对缺乏。随后就国内外生物多样性保护现状进行总结，目前我国主要以建立自然保护区的方式保护生物多样性，然而管理机构薄弱、手段落后、自然保护区相关法制不健全及自然保护区生态补偿机制缺失等问题导致我国自然保护区不能满足对生物多样性保护的需求。最后，就基于生物多样性的生态补偿进行界定，将基于生物多样性的生态补偿视为以保护和可持续利用生物多样性服务为目的，通过各种有效手段调节利益相关者关系的制度安排，其实质是生物多样性服务价值在保护责任人与利益分享者之间的重新合理分配，并依据生物多样性的层次性将其分为生态系统多样性层次上的生态补偿、物种多样性层次的生态补偿以及遗传多样性层次的生态补偿三类。

2. 活动 2 的主要工作和取得的成果

活动 2 是总结分析国外基于生物多样性的生态补偿实践的成功经验和不足之处，并比较分析其之间所存在差异，从中得到对我国的启示。目前国际对生物多样性的保护补偿主要有五种形式，具体包括购买土地、对物种或生境的使用进行补偿、为进行生物多样性保护管理而进行的补偿、对限定的可交易的权利进行交易获得补偿、支持生物多样性保护交易。具体生态实践方式则多样化，如美国"湿地银行"方案、北约克摩尔斯农业计划、巴西社区参与生态补偿、世界银行环境服务支付项目等。不同的国家对生态补偿的侧重点不同，但诸多经验对我国进行生物多样性保护补偿研究与实践有着重要的启示，如完善相关法律法规和产权制度，提高政府职能；应该综合多个学科集中优势共同建立全方位、多层次的生态补偿机制；充分利用市场机制来推动生态补偿机制等。

3. 活动 3 的主要工作和取得的成果

活动 3 总结我国在生物多样性的生态补偿方面所存在的实践制度，分析其中优势及不足，为完善基于生物多样性的生态补偿制度提供基础。目前我国生态补偿手段主要包括以下两大类：以财政政策和政府主导的生态建设重点工程为代表的政府手段以及以生态税费和市场贸易模式为代表的市场手段。就生态系统多样性层次的生态补偿，我国在森林、流域及湿地等领域开展了多种形式的生态补偿实践，均已取得了巨大进展，但各领域有所不同，森林与流域取得进展较大，而湿地进展较慢。但各生态补偿形式中亦存在大量问题，如森林生态补偿存在补偿范围过窄、补偿资金来源渠道单一、补偿标准不合理等不足。湿地生态补偿存在湿地界定不清、补偿资金不足等问题。就物种多样性层次的生态补偿，目前主要表现为自然保护区的生态补偿，有法律关系主体存在缺陷、补偿标准缺失等不足。而在遗传多样性层次的生态补偿上，我国基本不存在相关实践，但存在众多遗传资源保护法规。本研究认为应在遵循以遗传资源受益人直接补偿为主、补偿应该适度和保护优先等原则基础上，建立遗传多样性层面的生态补偿机制。就目前我国基于生物多样性的生态补偿实践总体而言，以恢复生态平衡、提供生态环境服务为主要目的；以政府主导为主，亦积极探索市场化生态补偿模式，逐步重视经济补偿手段的运用；促进了农民收入的增加。然而在实践过程中，亦存在法律体系不健全、补偿资金来源单一、补偿标准不适当、方式过于简单、补偿范围狭窄等不足。

4. 活动4的主要工作和取得的成果

活动4选择基于生物多样性的生态补偿具体案例，对其进行深入分析，以进一步探讨我国基于生物多样性的生态补偿中所存在的问题。就生态系统多样性层次上的生态补偿，选取不同生态系统类型上的生态补偿，如陕南秦巴生物多样性生态功能区的区域生态补偿、三江源生态补偿、张掖湿地补偿、三明市森林生态补偿、新安江流域生态补偿，结果表明这些生态补偿实践活动取得了一定进展，对生物多样性保护起到了一定程度上的作用，但各自均存在问题。而其中补偿缺乏依据及标准过低是两个重要的共通性不足。就物种多样性层次上的生态补偿，选取亚洲象保护补偿和武夷山国家级自然保护区分别作为单一物种保护及自然保护区这一保护形式的代表，分析表明亚洲象保护补偿中存在补偿金资金严重不足、地方财政困难无力安排配套资金、不敢宣传补偿政策害怕进行现场核实及工作经费严重缺乏等不足，武夷山国家级自然保护区生态补偿亦存在法律制度的缺失及补偿标准不合理等问题。就遗传多样性层次上的生态补偿，以林业遗传资源、四川省畜禽遗传资源及油茶遗传资源编目为例进行分析，结果表明我国对于遗传资源的保护大都仍停留在编目这一基础工作上，相关政策及投入等不足导致我国遗传多样性层次的生态补偿十分匮乏。

5. 活动5的主要工作和取得的成果

活动5则是在上述分析基础上，对省级基于生物多样性的生态补偿立法提出相关建议。第一，本研究对于基于生物多样性的生态补偿的建立思路进行整理，认为生物多样性的生态补偿立法应在保障生态环境和生物多样性得到保护这一目标实现的同时，不能导致居民生活的困难，甚至应有利于缓解地方贫困。第二，明确其首要任务，即为防止新的人为的生态破坏和生物多样性破坏。第三，明确资金是基于生物多样性的生态补偿法律机制有效运行的关键。第四，确立应遵循的相关原则，主要包括可持续发展原则和系统性原则相结合、公平性原则和利益均衡原则相结合、充分补偿原则与循序渐进原则相结合、政府与市场相结合的原则。第五，确立实施基于生物多样性的生态补偿的阶段性，将其划分为基本补偿阶段、产业结构调整补偿阶段和生态效益外溢补偿阶段。第六，就法律构建具体内容，本研究认为主要包括以下几点：将生态补偿纳入省内国民经济规划；加大省级政策规章中生物多样性的关注程度；明确生物多样性生态补偿规章制度的各方主体，完善主体的权利保障；依法推进各地生物多样性编目工作；合理确定地区补偿方式，科学构想资金来源、补偿标准和额度；建立科学绩效和干部考核制度；重视政策法规的宣传。

6. 活动6的主要工作和取得的成果

活动6则是对省级生物多样性生态补偿相关保障制度提出建议。生态补偿机制本身是一个复杂综合的运行体系，需多学科、多部门的相互配合，更需要其他政策的支持与保障。因此，在设计与完善生物多样性的生态补偿机制过程中，要特别重视与经济、管理、法律和社会政策的内在关系，构建完整的生态补偿保障制度体系。第一，资金的筹集是生物多样性的生态补偿的核心问题，生物多样性的生态补偿经济制度主要是围绕资金筹集而展开。财政转移支付、生态补偿费、生态税、生态补偿基金和生态旅游收入转移均是重要资金来源。第二，资金管理制度通过资金财务收支预算管理，遵循分级审批，层层把关，加强资金跟踪检查，形成事前预算、事中控制、事后反馈的管理控制体系，对生态补偿资金的使用进行严格的管理。第三，建立科学、合理的管理机构是构建有效的生物多样性的生态补偿制度和实现环境保护和建设战略目标的基本组织保障，并建立信息通报、联合磋商和纠纷调处机制。第四，生物多样性的生态补偿法制化是保障制度实施和运行的前提，完善相关行政法律、民事和刑事责任，并建立生态补偿救济制度，使各个环节都有法可依。第五，社会制度是生物多样性保护的重要手段，且是一种基础性手段，应充分发动公众自觉参与以及扶持绿色社团。

三、成果评估

1. 成果的主要亮点或创新点

项目成果的主要亮点体现于以下几方面：① 扩宽生态补偿领域，将生物多样性保护与生态补偿相结合，对生物多样性的生态补偿进行了界定。目前国内仅有少量研究提到了生物多样性的生态补偿，但这些研究亦大都停留在必要性及可行性等定性分析中，缺乏更为深入的探讨。② 将生物多样性的生态补偿依据生物多样性的层次性进行分类，将基于生物多样性的生态补偿划分为生态系统多样性层次上的生态补偿、物种多样性层次的生态补偿和遗传多样性层次的生态补偿三个方面，并对每一类进行具体分析。目前对于生态补偿的研究大都围绕在生态系统多样性层次，对于物种多样性层次与遗传多样性层次的生态补偿提及较少。③ 对国内外与生物多样性密切相关的生态补偿案例进行总结分析。目前生态补偿研究虽然存在对国外案例的总结，但所包含的国家并不多。国内研究则缺乏物种多样性层次和基因多样性层次的生态补偿案例总结。项目对目前我国三个层次的生态补偿情况进行总结分析，并选取相应典型案例进行具体分析，为基于生物多样性的生态补偿的建立与完善提供了更为充分的依据。

2. 成果的价值和已有应用

项目为生物多样性保护提供了新的政策手段。首先我国对于生物多样性的保护大都表现为自然保护区形式，更多的是保护珍稀物种，缺乏普通生态物种的保护，提出生物多样性的生态补偿对于保护生物多样性具有重要意义。其次为合理调整不同利益相关者之间的经济发展成本负担与社会福利分配提供依据，促进区域协调发展。我国的生态资源占有与经济发展水平的地理空间分布并不完全一致，相当多的经济不发达地区的生物多样性丰富程度远远高于经济发展水平较高的地区。这种生物多样性丰富程度和经济发展水平的地区差异以及跨区域的生态资源消耗和生态补偿机制的缺失，造成了生物多样性破坏过程中的不同利益相关者之间的经济发展成本和社会福利分配的不公平。一般而言，经济发展较快的地区和城市在跨区域的生态资源消耗中不仅没有对经济不发达的地区和农村产生积极的带动作用，而且也没有承担足够的生态资源形成成本，由此加重了生态资源占有的不发达地区经济发展的环境成本和生态补偿负担，并间接地扩大了不同区域之间和城乡之间的发展差距。而广大经济发展相对落后的地区在国家整体发展战略中大都属于重要的生态功能保护区，这些地区为了服务国家全局的可持续发展，放弃了眼前地方经济可资利用的资源来保护生态环境，承担了社会经济发展的巨大机会成本，但却未能得到应有的生态补偿，给地方经济增长和环境保护造成很大的压力。相关区域内生态保护与经济发展之间的矛盾亟待有效解决。且由于生态功能区提供了生态服务却没有得到相应的补偿，不仅会阻碍相关地区的经济发展，而且还会降低这些地区生态保护的积极性，降低生态功能区的生物多样性水平，削弱经济系统运行的生态基础，最后会给整体经济社会发展带来严重威胁。因此，研究基于生物多样性的生态补偿机制，不仅对生物多样性保护具有现实意义，而且对缩小经济发展中的地区差距和实现区域协调发展也能发挥重要作用。

3. 项目设计、实施过程及项目管理中存在的经验、不足和问题

项目虽对基于生物多样性的生态补偿进行了有益的探讨，但亦存在问题。主要表现在以下几方面：第一，并未按照三个层次上的生态补偿对国外相关生态补偿实践进行梳理，尤其缺乏遗传多样性层次上的生态补偿。第二，因本研究涉及内容较多，因此其中一些分析仍相对不足，不够深入。第三，本研究虽对省级生物多样性的生态补偿建立提出了建议，但对不同省份之间的差异性考虑不足。第四，研究对生态补偿标准测算技术与方法、补偿方式确定等涉及较少。

4. 今后进一步开展此领域研究以及加强项目管理的建议

在将来开展此领域研究时，应更加重视一般物种及基因层面的保护，目前对于物种保护主要集中于濒危物种，基因层次还停留在编目层次。如何实现这两者的保护具有重要意义。应关注地区的差异性，不同地区经济、文化和生态环境均存在较大差异，开展生物多样性的生态补偿需综合考虑，必须切实结合到国民经济和社会协调发展的总目标中来寻求统筹解决的方案。此外应更加关注生态补偿标准的制定、补偿方式的确定，以加强生物多样性生态补偿的可操作性。

第六节　基于市场的生态补偿激励机制

项目名称：基于市场的生态补偿激励机制研究——仙居国家公园
生物多样性碳汇补偿试点

一、背景

1. 意义

生物多样性在人类的生产生活以及调节气候、保证水质、保持土壤肥力等方面
都发挥着重要的作用，能够产生巨大的生态效益和经济效益。中国是世界上生物多
样性最丰富的国家之一，同时也面临着世界上最严重的人口压力和快速经济发展带来
的严重威胁。植被破坏、生物入侵、野生生物资源过度利用、水资源耗竭、沙漠化等
问题，使中国濒危物种的数量不断上升。生物多样性具有公共性特征，保护生物多样
性在为社会带来巨大生态效益的同时，往往也牺牲了当地居民对原有资源环境的依赖
和正常的发展机会。只有通过采取生态补偿与相应的政策措施，协调公益性的生物多
样性保护与地区发展之间的矛盾，从根源上解决生物多样性保护资金问题，才能化解
生物多样性保护带来的外部不经济性，改善区域间的非均衡发展问题，激励人们对生
物多样性保护的积极性和主动性，使得生物多样性资本增值，资源环境得以永续利用。

生物多样性提供的服务包括为人类提供的直接产品、供给功能、调节功能、文化
功能等，都应视为资源，是一种基本的生产要素。而生物多样性的"固碳"功能是一
种人们可以自由享受的公共物品。开展生物多样性保护，会增强整个生态系统的"固
碳"功能。因此，通过制度设计使生物多样性"固碳"功能具有排他性和可转让性，
成为市场化的一种生产要素，反映生物多样性的市场价值，实现对生物多样性保护一
定程度的补偿。

而生物多样性本身却具有多样化、生态价值难以衡量，进而不易产生可变现的资
金价值的特征。在目前的生态价值化领域，发展最成熟的是森林和草原碳汇开发机制，
即通过公认权威的方法学将林业或草地的固碳量核算出来，再通过世界各地碳排放权
交易市场，出售给强制纳入碳交易体系具有实际需求的控排单位，或者出售给那些具
有社会责任的企业，实现生物多样性价值的变现，并获得生态补偿。同时，在开发碳
汇的过程中，可通过"嵌入"生态标签的形式，将定量的碳汇项目纳入定性的评价标
准，比如生物多样性保护指标和社区提升指标等，提高碳汇项目开发的质量，进而实

现碳汇项目的溢价功能，成为"黄金"碳汇，更好地反哺农村社区和生态系统。

2. 目标

项目要求"建立基于政府和市场机制的生态补偿框架"。2014年3月，经环境保护部批准，浙江省开化县和仙居县被列为首批国家公园试点，其中仙居县主要侧重于管理体制优化整合方面的试点。鉴于以上情况，拟在项目成果4下开展"基于市场的生态补偿激励机制研究——仙居国家公园生物多样性碳汇补偿"。项目目的是在自愿碳减排交易方法学的原理上，在仙居国家公园开发"生物多样性碳汇"项目，将受保护的生物多样性资源进行量化，并通过在环境交易所挂牌交易，用于补偿生物多样性损失，为保护区的生物多样性保护工作提供额外资金支持，实现仙居国家公园的生物多样性保护市场化，促进生物多样性补偿市场化机制建设。项目通过促进生物多样性在社会经济发展中的主流化，建立可行的市场化的生物多样性补偿框架机制，以促进爱知目标的实现。

3. 任务

（1）仙居国家公园生物多样性碳汇项目开发

① 仙居国家公园内各生态系统类型生物多样性碳汇潜力研究，识别潜在的生物多样性碳汇项目，出具项目识别报告。

② 根据识别的结果，编写生物多样性碳汇开发潜力报告。

③ 以报告为依据，对于有方法学的项目，直接开发生物多样性碳汇项目；对于潜在项目，需要开发相关方法学，再根据批准的方法学开发项目。

④ 由指定的温室气体第三方审核机构对项目进行核证并为项目添加具有生物多样性特征的标签。

⑤ 完成的生物多样性碳汇项目的注册和签发。

（2）生物多样性碳汇项目库

开发生物多样性碳汇项目库：一方面，项目库作为我国生物多样性补偿项目成果的展示、宣传平台，将有助于各地方交流经验、加强政府和企业对生物多样性保护的重视。另一方面，项目库系统包括了各种类型的生物多样性碳汇项目，为企业在未来开发同类型或类似项目时，提供可复制/借鉴案例。

（3）生物多样性碳汇量市场运作

寻找潜在买家，多方洽谈，寻找到国内外有购买意向的买家并签署交易合同。同时，结合碳排放权交易市场的履约企业以及其他开展过减排量交易合作的企业和银行，建立分销渠道，推销生物多样性碳汇，达成交易意向。

（4）宣传活动

在项目开发过程中，对重要里程碑和节点进行多方位宣传，并利用各种宣传渠道，积极宣传生物多样性碳汇补偿项目，扩大生物多样性保护工作的影响力，促进生物多样性补偿的主流化。

4. 实施与完成时间

项目实施时间为 2015—2016 年。

第 1—2 个月：完成仙居国家公园生物多样性碳汇项目识别报告和生物多样性碳汇开发潜力报告。

第 3—4 个月：项目开发，由指定的温室气体第三方审核机构对项目进行审定。

第 5—6 个月：为项目添加具有生物多样性特征的标签。

第 7—8 个月：开发生物多样性碳汇项目库，召开专家研讨咨询会。

第 9—11 个月：宣传推销生物多样性碳汇，寻找国内外有购买意向的买家并签署交易意向合同。

第 12 个月：召开专家评审会，项目结题。

二、开展的主要活动和取得的成果

1. 活动 1 的主要工作和取得的成果

① 组织召开浙江省仙居县生物多样性碳汇项目专家研讨会和项目启动会。

② 完成项目设计文件，即生物多样性碳汇开发潜力报告，识别出仙居县潜在的碳汇量。

③ 完成项目设计文件在国家发改委的公示，并顺利渡过公示期，无利益相关方提出异议。

④ 组织国家发展改革委员会指定的第三方审定机构对本项目进行审定，并获得初步通过。

⑤ 完成"仙居国家公园生物多样性碳汇项目"勘察、边界确定以及一次专家研讨会。

⑥ 完成项目现场审定工作。

2. 活动 2 的主要工作和取得的成果

完成气候、社区和生物多样性标签。

3. 活动 3 的主要工作和取得的成果

提出气候、社区和生物多样性委员会方案。

三、成果评估

1. 成果的主要亮点或创新点

项目主要是在目前国际上比较流行的定量碳汇项目基础上，创新性地开发出具有生物多样性保护意义的标签，使得一般的造林或森林经营类碳汇项目能够在更高质量上获得开发。在造林过程中，满足对各项指标要求的实现，主要是对社区的考量和对当地生物多样性保护的考虑，使得林业碳汇项目能够在长期内更可持续，更能对当地的社区和生态系统带来积极促进作用，同时，因具有社会责任的企业或个人认可此类区别于一般碳汇或减排项目，农民或当地林场业主能够获得更高价格的碳汇收益。

2. 成果的价值（或者潜在价值）和已有应用（或者潜在应用）

项目成功后，将为中国一般的碳汇项目开发提供更高的标准，目前中国的碳汇项目都是按照中国国家发展和改革委员会的审定流程，根据相应的林业和草地碳汇方法学核证出实际的碳汇量，在北京环境交易所的碳交易平台进行出售，随行就市获得价值；而此项目如果开发成功，将满足相关指标，使一般的碳汇项目具有更好的生态价值，比如将单一树种的种植变为选择适应当地气候、当地条件和满足当地动物栖息的多树种种植，使林业碳汇项目不仅具有可持续性也能提高当地的生物多样性。

同时，项目将倡议组建生物多样性标签管理委员会，组织相关专家、政府主管部门、大企业和北京环境交易所等环境权益类平台机构，制定项目开发管理机制，逐步规范项目开发流程，使生物多样性碳汇项目的开发流程化、规范化，让更多的林业、草原或其他生态系统碳汇项目获得溢价。

3. 项目设计、实施过程及项目管理中存在的经验、不足和问题

目前项目属于创新性地开发阶段，很多实践是在没有其他可以借鉴的案例基础上"摸着石头过河"，因此项目可调动的资源有限，负责实施项目人员很少。但相信随着项目的推进，会让更多的人了解此项目的意义，届时会有更多的社会力量参与其中。

4. 今后进一步开展此领域研究以及加强项目管理的建议

此项目需要一整套体系的搭建，即项目业主、碳汇项目、项目评审机制、可更新的标准、日常管理委员会、专家评委、第三方设定机构、审定机构准入和退出机制以及交易平台；在中国的国情下，需要由权威的机构牵头，由上到下推动项目成功。因此，在未来需要由国家相关主管部门主导来调集和号召社会资源推动项目体系搭建。

四、附件

1. 相关的重要数据库和分析表格

仙居国家公园生物多样性碳汇补偿试点项目碳汇测算量见表 5-6-1。

表 5-6-1　仙居国家公园生物多样性碳汇补偿试点项目碳汇测算量

年份	项目碳汇量 / (t/a)	累计 /t
2010	7 689.48	7 689.48
2011	8 907.43	16 596.90
2012	12 332.16	28 929.06

续表

年份	项目碳汇量 /（t/a）	累计 /t
2013	13 571.67	42 500.74
2014	15 845.28	58 346.02
2015	15 845.28	74 191.30
2016	15 845.28	90 036.58
2017	15 845.28	105 881.86
2018	15 845.28	121 727.15
2019	15 845.28	137 572.43
2020	15 845.28	153 417.71
2021	15 845.28	169 262.99
2022	15 845.28	185 108.27
2023	15 845.28	200 953.56
2024	15 845.28	216 798.84
2025	15 845.28	232 644.12
2026	15 845.28	248 489.40
2027	15 845.28	264 334.68
2028	15 845.28	280 179.97
2029	15 845.28	296 025.25

2. 相关的政府文件（项目直接成果）

中国国家发展和改革委员会主管的中国自愿减排交易信息平台公示的"浙江省仙居县生物多样性碳汇项目"（图 5-6-1）。

图 5-6-1　项目公示

资料来源：http：//cdm.ccchina.gov.cn/sdxm.aspx?clmId=163&page=9.

3. 相关的成果应用证明

项目载体选择的是浙江省仙居县国家公园试点，项目实施单位北京环境交易所通过中标中国原环境保护部环境保护对外合作中心"基于市场的生态补偿激励机制研究——仙居国家公园生物多样性碳汇补偿试点项目"的方式开发此项目。

第七节　生态补偿试点机制与案例

项目名称：水生态补偿试点机制和案例研究

一、背景

1. 意义

党中央、国务院高度重视生态补偿工作。2011年中央一号文件中明确提出建立"水生态补偿机制"。2012年《国务院关于实行最严格水资源管理制度的意见》也提出"建立健全水生态补偿机制"。2012年党的十八大报告中更强调生态补偿机制，把建立生态补偿制度作为大力推进生态文明建设的重要举措之一。2013年《中共中央关于全面深化改革若干重大问题的决定》提出实行生态补偿制度，坚持"谁受益、谁补偿"原则，完善对重点生态功能区的生态补偿机制，推动地区间建立横向生态补偿制度。2015年9月中共中央、国务院印发的《生态文明体制改革总体方案》，提出探索建立多元化补偿机制，逐步增加对重点生态功能区转移支付，完善生态保护成效与资金分配挂钩的激励约束机制。制定横向生态补偿机制办法，以地方补偿为主，中央财政给予支持。鼓励各地区开展生态补偿试点。2016年3月22日，中央全面深化改革委员会第二十二次会议召开，会议审议通过了《关于健全生态保护补偿机制的意见》。

建立和完善生态补偿机制，是规范经济开发行为、保护生态、改善环境、促进区域协调发展、建设生态文明和构建和谐社会的重要措施。水生态补偿机制，是我国生态补偿机制的重要内容和关键的组成部分。开展《水生态补偿试点机制和案例研究》，可为建立和完善水生态补偿机制提供重要支撑和参考，进而从制度入手加强我国水生态系统和生物多样性保护质量。

2. 目标

完成《水生态补偿试点机制和案例研究》报告。

3. 任务内容

主要内容包括：水生态补偿概况及机理分析；不同水生态补偿类型的补偿机制；不同水生态补偿类型试点的补偿方案；推进水生态补偿机制的有关建议。

4. 实施及完成时间

2015 年 11 月，项目正式启动。项目正式启动之后，承担单位水利部发展研究中心积极推进项目实施，收集整理了大量数据和资料，咨询了水利、生态等相关领域专家，赴青海、湖北、江苏、河北、广东、广西等地开展调研。在文献调研、理论研究和实地考察的基础上，撰写了《水生态补偿试点机制和案例研究》报告初稿，召开专家咨询会，根据专家意见，对报告进行了修改和完善。

二、开展的主要活动和取得的成果

《水生态补偿试点机制和案例研究》报告分为 6 个部分：

第一部分是"水生态环境现状及建立水生态补偿机制的重要意义"。阐述了我国水生态环境的基本国情，总结了水生态环境存在的问题，主要包括河流断流与湖泊湿地萎缩、水体质量恶化、地下水超采严重、水土流失严重。论述了建立水生态补偿机制的重要意义，是推动生态文明建设的重要制度保障，是推进实施主体功能区划的内在要求，是促进区域协调发展的重要举措。

第二部分是"水生态补偿内涵、现状与问题"。水是生态系统存在和发展的基础条件，水生态补偿是生态补偿的重要组成部分。水生态补偿是以保护和修复水生态系统、促进人水和谐为目的，根据水生态系统服务价值、生态保护成本、发展机会成本，综合运用经济、行政和市场手段，调节各利益相关方的制度安排。梳理法律、行政法规、政策性文件、地方性法规中水生态补偿的相关规定，总结了我国水生态补偿的实践，包括水源地生态补偿、水能开发生态补偿、矿产资源开发生态补偿、水土保持的生态补偿等。分析了水生态补偿存在的主要问题，包括理论与方法技术研究薄弱、水生态补偿机制不健全、水生态补偿政策法规不完善。

第三部分是"水生态补偿的总体思路"。提出了水生态补偿的指导思想：深入贯彻党的十八届三中、四中、五中全会精神和习近平总书记系列重要讲话精神，认真落实"节水优先、空间均衡、系统治理、两手发力"的新时期水利工作方针，紧紧围绕生态文明建设总体部署和要求，以改善水生态环境、促进人水和谐为目的，以理顺水生态保护与建设利益相关者关系为重点，以政策引导和经济调节为手段，逐步建立以流域为单元、重点水生态功能区为核心的水生态共建与利益共享的生态补偿长效机制，实现科学发展、和谐发展和可持续发展。基本原则：人水和谐，促进区域协调；公平公正，强化责权一致；因地制宜，分类分区协调；政府主导，推进有序实施。对水生态补偿进行了分类，可分为保护类、治理类和开发类三类水生态补偿类型。构建了水生态补偿的总体框架，包括补偿主体与受偿对象、补偿范围与内容、补偿标准、补偿方式、实施机制。补偿标准方面，通过测算水生态服务价值、保护治理增加的经济投入或损失，结合补偿主体经济可承受能力分析，协商确定补偿标准。补偿方式可包括政府主导的补偿模式、市场主导的补偿模式、政府和市场相结合的补偿方式。

第四部分是"不同水生态补偿类型的补偿机制"。保护类包括3类区域，即江河源头保护区、水源地保护区和水土流失预防区；治理类包括3类区域，即河湖生态修复区、地下水严重超采区、水土流失重点治理区；开发类包括2类区域，即水能资源开发区、矿产资源开发区。设计出不同类型和区域水生态补偿的补偿范围、补偿主体与受偿对象、补偿标准、补偿方式。

第五部分是"不同水生态补偿类型案例分析"。选取三江源区生态补偿、丹江口水库水源地生态补偿、东江上游水土保持生态补偿、太湖治理生态补偿、沧州市地下水超采治理补偿、红水河流域水能开发生态补偿、山西省煤炭开采对水资源破坏的生态补偿为典型进行案例分析，分析不同补偿案例的补偿范围、补偿主体与受偿对象、补偿标准和补偿方式。

第六部分是"推进水生态补偿机制的有关建议"。一是建立健全水生态补偿的制度体系，包括建立责权明晰的管理机构、建立水生态补偿协商机制、建立水生态补偿审批制度、完善省界断面的水质水量监测制度、建立水生态补偿评估制度、建立水生态补偿监督制度。二是建立和完善水生态补偿的政策体系，包括完善水生态补偿的财政转移支付政策、建立和完善水生态补偿收费政策、建立市场化的水生态补偿政策、建立水生态补偿基金、制定水生态补偿的扶持政策。三是建立健全水生态补偿的法律法规体系，包括建立水生态补偿法律法规体系框架、制定《生态补偿条例》、修订完善现有水生态补偿相关的法律法规。

三、成果评估

1. 成果的主要亮点或创新点

项目系统分析了各类保护、治理、开发活动对利益相关者的生态损益关系，剖析了水生态补偿的内涵，对水生态补偿进行了分类，提出了不同类型水生态补偿的补偿机制并开展了案例分析，提出了推进水生态补偿机制的相关建议，为建立水生态补偿的政策制度体系提供了重要参考。项目研究目标明确、思路清晰、结构合理、内容全面、重点突出，具有较强的前瞻性、针对性和可操作性。

2. 成果的价值和已有应用

建立健全水生态补偿机制，形成生态环境的受益者付费、生态环境建设者和保护者得到合理补偿的良性运行机制，有利于提高人们的生态环境保护意识，有利于调动社会各界从事水生态环境保护的积极性，促进水生态环境的良性循环，缓解人与水的矛盾。项目研究成果可为建立和完善水生态补偿机制提供重要支撑和参考，从制度入手加强我国水生态系统和生物多样性保护质量。项目研究成果为落实《水利部关于深化水利改革的指导意见》"推动建立江河源头区、重要水源地、重要水生态修复治理区和蓄滞洪区生态补偿机制。建立流域上下游不同区域的生态补偿协商机制，推动地区间横向生态补偿。积极推进水生态补偿试点"提供了重要参考。

（高　磊　刘海鸥　陆轶青）

第六章　生物多样性保护与气候变化

第一节　生物多样性应对气候变化

项目名称：生物多样性应对气候变化信息管理体系提升地方部门间信息协调和共享机制

一、背景

1. 意义

做好生物多样性适应气候变化的信息管理体系，对于提高生物多样性的保护效率至关重要。目前我国关于气候变化对生物多样性影响的相关信息和数据处于"分割"状态，即农、林、牧、渔、海洋、草原等多部门及相关科研部门分别掌握、单独使用，尚未形成跨部门的信息协调和共享机制，造成数据和信息的公信力、有效性和科学性大打折扣，相关机构、政府部门、公众的生物多样性保护意识、理解和能力、效率由于无法获得系统的数据而形成障碍，生物多样性在部门气候变化战略、政策和规划中的纳入进程受到影响。

作为我国生物多样性重要区域和国家生态安全屏障区，青海的生物多样性工作始终受到各级政府和社会各界的高度关注和重视。青海省相继出台了一系列地方性法律、法规和条例，生物多样性工作已纳入青海省经济社会发展和各部门五年发展规划，"以生态保护第一统领经济社会发展"已成为全社会共识。本项目对已运行服务6年的"青海省生物多样性信息系统"加以提升和完善，通过本项目活动进一步促进省级部门间和全社会的生物多样性信息协调和数据共享，尤其是提升省级部门在生物多样性保护工作中结合和纳入气候变化的意识和能力。

2. 目标

在2009年省科技厅和环境保护部环境保护对外合作中心支持建立的"青海省生物多样性信息系统"基础上（已在青海省环保厅官网提供服务6年），结合目前在建的青海省生态综合数据中心和青海省生态监测数据服务网站（www.qherc.org）的建设，建设青海省生物多样性响应气候变化的信息管理平台，并使该信息平台成为服务青海省生物多样性响应气候变化工作的协调工作平台，成为支持环保、林业、农牧、水利及各自然保护区管理局等部门开展物种资源调查的基础工作平台，打破部门界限建立信息协调和共享机制，提高管理部门，从事保护、开发工作的相关机构决策者和公众关于气候变化对生物多样性的影响的意识、理解和能力，使之成为省政府有关部门生态保护工作支撑数据库和公众社会生物多样性信息共享基础数据库。

3. 任务内容

活动1：根据青海省生物多样性优先区域政府部门当前工作进展状况和国家跨部门保障机制的要求，深入分析生物多样性信息管理体系的开发构建需求和匹配整合情况，编写《生物多样性应对气候变化信息管理体系开发与整合行动方案》（以下简称《行动方案》）。

活动2：在项目办协调下，开展利益相关方机构、部门和非政府组织等外部利益相关方机构的访谈，了解他们想在此信息管理体系获得数据和信息的详细需求，为信息管理和数据库所要实现的功能开发做准备。

活动3：在项目办的组织下召集专家研讨会，听取专家意见和建议并完善《行动方案》。

活动4：实施《行动方案》，开发包含数据库和检索等工具的信息管理体系，录入相关数据，将其整合到本区域跨部门机制所保障的更大的数据库当中，做好对不同部门、受众群体和公众的分级权限管理，实现信息抽取、共享和发布。

活动：5：参加项目办举办的论坛和传播研讨会，根据项目办要求提供相应的产出和成果展示给参加活动的部门决策者、管理者等不同利益相关方，开发《省级跨部门生物多样性应对气候变化信息管理体系使用指南》，帮助他们了解信息管理体系的登录方法和开放使用原则，确保数据和知识能传递到公众和决策者。

活动6：在项目办同意的情况下，开放运营信息管理体系到项目结束，并定时提交如浏览量、IP等信息，开发并提交《信息管理体系和数据库访问量监测季度表单》，便于项目办了解此项目的惠及人群、有效性和影响等信息。

4. 实施及完成时间

项目实施及完成时间见表6-1-1。

表6-1-1　项目实施关键活动及其时间安排

序号	关键活动	时间
1	项目启动，对项目各项任务启动进行安排部署	2015年7月
2	项目总体设计，设计相关项目的关键活动内容和时间表	2015年8月

续表

序号	关键活动	时间
3	根据获取数据情况，明确系统的技术路线，制定项目实施的详细设计方案，对信息系统、数据库的建设需求、技术方法、解决方案等进行详细设计	2015 年 9 月
4	系统数据库数据衔接、数据规整和数据录入，生物多样性信息更新，含数据库和检索等工具的"省级跨部门生物多样性应对气候变化信息管理体系"初步构建	2015 年 10—11 月
5	对各项指定功能进行开发和关键技术实现，使之达到项目要求，同期完成项目测试与集成。编制《生物多样性应对气候变化信息管理体系开发与整合行动方案》（以下简称《行动方案》）初稿	
6	项目系统上线与试运行阶段，对试运行过程中的具体问题进行调整和优化处理。同期，在项目办的监督下，组织专家研讨会，听取专家讨论《行动方案》后形成的意见、建议并完善《行动方案》，开展对生物多样性信息共享平台管理体系的需求调查，即了解青海省内生物多样性重点或优先区域内相关利益相关方机构、部门和非政府组织等外部利益相关方机构在此信息管理体系获得数据和信息的详细需求	2015 年 11 月—2016 年 3 月
7	项目运行维护，确保项目稳定运行，定期对项目运行状况进行汇报，将项目的使用、共享情况报告项目办	2016 年 3—6 月

二、开展的主要活动和取得的成果

1. 活动已完成的主要工作

① 完成"省级跨部门生物多样性应对气候变化信息管理体系"的数据库构建。根据活动 1 和 3 的要求，于 2015 年 9—11 月，完成系统多个相关数据库数据衔接和生物多样性信息更新、数据归整和部分更新数据录入工作；完成基础地理数据、遥感影像数据、生态专题数据（包括青海省植被、土地利用、生态系统、气候区等专题数据）、生物多样性专项数据（重点区域物种多样性监测）的收集整理；含数据库和检索等工具的"省级跨部门生物多样性应对气候变化信息管理体系"初步构建并于 2016 年 3 月起进入试运行（www.qhswdyx.org）；编制完成《青海省生物多样性应对气候变化信息管理体系》需求规格说明书，编制完成《青海省生物多样性应对气候变化信息管理体系》详细设计说明书。

② 开展了面向服务的信息管理体系架构、基于服务式 GIS 的资源跨部门服务共享、基于企业服务总线（WESB）实现服务平台的总体集成和基于安全可信的第三方 API 基础数据服务等多个关键技术的开发和实现产品制作。

根据活动 4 的相关内容，于 2015 年 11 月—2016 年 1 月开展了包含数据库和检索等工具的信息管理体系的开发，包括：a. 完成青海省生物多样性应对气候变化信息管理体系（前台）开发的编码工作。b. 完成青海省生物多样性应对气候变化信息管理体系（管理后台）开发的编码工作。c. 开展了三版系统页面的 UI 美工设计。

③ 系统初步构建进入测试服务，并征询省级生物多样性相关方机构关于数据、信息服务和管理方面的需求。

根据活动 2 的内容要求，于 2016 年 2 月完成"省级跨部门生物多样性应对气候变化信息管理体系"的构建，注册独立域名 www.qhswdyx.org，系统进入试运行阶段，管理维护设在青海省生态环境遥感监测中心。后期，在系统试运行基础上，广泛征询省级生物多样性重点或优先区域内相关利益相关方机构关于数据、信息服务和管理方面的需求，咨询专家领域涵盖自然科学科研部门、生物多样性管理部门和社会科学研究领域，力求多角度地获取各方在生物多样性数据、管理和信息方面的需求。目前正在按照专家意见汇总，对系统测试期间的问题进行改进和完善。

④ 编制完成系统构建的开发文档。

根据活动 5 的内容要求，2016 年 4 月，编制完成《省级跨部门生物多样性应对气候变化信息管理体系使用指南》，开发完成《生物多样性应对气候变化信息管理体系》平台软件，编制完成《生物多样性应对气候变化信息管理体系》平台开发文档（需求分析、详细设计、数据库设计、测试报告等），设计《生物多样性应对气候变化信息管理体系》用户使用指南（用户手册），《生物多样性应对气候变化信息管理体系》运行维护报告。

2. 预期目标实现

建立省级生物多样性信息响应气候变化的共享协同工作平台，为跨部门的生物多样性响应气候变化研究提供数据、资源的支撑，作为信息共享应用软件系统。重点可以解决如下问题：

① 青海省生物多样性信息资源更新的问题，青海省三江源、可可西里、青海湖等重要的生态关键区，蕴含了高原地区丰富的生物多样性资源，目前已建立的生物多样性信息共享系统，实现了历史信息调查数据的管理、查询和基于 GIS 的可视化表达，但是生物多样性信息数据更新问题亟待加强。所以，设计青海省省级生物多样性信息共享更新平台，提供生物多样性的物种、生态系统及遗传资源的分类、数据更新等问题，为其他部门提供权威、全面系统的数据资源共享，是本项目建设的重要目标。

② 建立面向公众的生物多样性信息资源的快速查询检索服务，提供可定制的专题生物多样性资源可视化分析能力，并提供多样化的结果统计、制图与打印输出服务，为相关研究的报告编制、专题研究提供数据支持和软件支撑。

③ 提供青海省省级生物多样性保护相关的专题产品的制作、分发，基于共享平台，为各部门进行气候变化影响生物多样性的研究提供本底资料和中间产品分发服务，面向不同的用户，提供不同类别的生物多样性专题产品的共享服务。

④ 利用地理信息的空间分析功能，实现包括生物多样性资源的分布、可视化制图及与气候变化相关的基础数据资源之间的关联关系的分析能力，为科学的决策共享提供分析处理能力，如物种的分布与重要基础设施、重要生态功能区、气候区等环境背景及环境变化之间的关系，为共享用户提供在线数据分析的能力。

3. 主要成果

建立了资源共享和交流的平台，促进了部门间协作机制的加强。具体的成果包括：

（1）青海省生物多样性 WebGIS 检索工具

实现了物种分布的快速检索查询功能，包括维管束植物、陆生动物、鸟类、爬行类、两栖类和鱼类物种资源，一方面，可以根据物种的分类按照不同类别的科、属和种来检索某一物种在青海省的分布范围；另一方面，可以通过高级查询，即按照点、面和缓冲区的不同尺度范围来查询某个县域、跨多个县域和某一距离的缓冲带内的物种分布状况。

① 生物多样性数据快速查询检索。a. 提供基于地图空间范围的物种信息查询和显示功能，查询结果以列表和地图两个方式展现；b. 提供基于物种分类的信息查询和检索功能，按照界、门、纲、目、科、属、种的科学分类方法，支持对植物数据、动物物种进行分类别查询，查询结果可视化输出；c. 提供基于物种数据库的快速空间查询和定位功能。

② 物种信息可视化。基于电子地图，实现服务内容的管理、前台浏览、漫游和属性查询功能。前台页面地图窗口元素包括工具条、栏目导航、图层控制、地图、鹰眼、比例尺、GIS 操作工具条、图例等。a. 提供基于面积的青海省物种信息专题图展示功能，根据数据情况，实现 1∶100 万比例尺的分县域、分类别的物种数据的空间化表达；b. 提供生物多样性数据的地图标注显示功能；c. 提供生物多样性数据资源的表格查询输出功能。

（2）青海省生物多样性物种数据库

全面整理修订青海省陆生野生动物、维管束植物、鱼类、鸟类、两栖类及爬行类物种名录，完成以县域为单元的初步分布信息，建立青海省已记载物种资源数据库。主要为生物多样性物种数据，如陆生动物类、鸟类、爬行类、维管束植物、鱼类和两栖类等物种数据，涉及物种的中英文名称、物种学名、所属课目的中英文名称、受威胁程度、是否中国特有种等数据内容，建立物种信息空间数据库。

（3）青海省生物多样性基础数据库

生物多样性应对气候变化信息管理体系中的数据库是系统重要组成部分，实现对生物多样性数据资源的存储和管理。系统数据库设计包括逻辑设计和物理设计，具体包括表空间、表结构、字段类型，数据索引、元数据表的设计等。数据库的数据内容包括：① 基础地理数据：青海省省级基础地理数据库，数据内容包括行政境界、道路、水系、居民地、地形等要素信息，作为青海省生物多样性信息系统基础地理的本底数据。② 遥感影像数据：以区域的卫星遥感影像数据为基础，实现区域的气候变化研究的本底资源。③ 生态专题数据：青海省植被、土地利用、生态系统、气候区等专题数据。④ 生物多样性保护优先区域数据。⑤ 元数据：对生物多样性业务数据、遥感影像及基础地理数据等数据资源或数据集的描述和说明。⑥分类编码数据：青海地区生态系统、物种多样性及各类资源信息分类编码库。

（4）青海省生物多样性图件资源数据库

集成了包括青海省基础地理信息图、青海省保护地图、青海省主体功能区划图、青海省重点区域专题图和青海省专题评价图的图件资源数据库，共42张图件，可根据需求调整和增减相应的图件。

（5）青海省生物多样性应对气候变化管理体系（平台）软件

① 生物多样性数据快速查询检索，包括物种信息在线查询检索功能和物种信息可视化。信息标注：支持不同区域、图层的生态分区数据、关键生态区数据、自然保护区数据的属性查询（标注）显示功能，查询显示的字段包括名称、保护类型、生态系统类型。

图层控制功能：支持图层之间的叠加和透明度设置。

② 生物多样性信息管理体系的数据库：a. 基础数据，包括青海省的基础地理数据、卫星遥感影像数据、物种数据等图层。同时可提供基于百度或天地图等网络共享平台 API 的物种资源的定位查询功能，作为基础地理、卫星影像、天地图矢量、天地图影像的数据基础。可查看数据的元数据、服务元数据等信息内容。b. 生态专题数据：加载区域内对生态基础、生态功能区、重点区域、自然保护区、优先保护区、规划项目等资源的联合查询查看功能。

③ 资源统计分析与制图表达：

缓冲区分析：支持点、线、面缓冲分析，缓冲区分析的结果显示可设置透明度。

地图数据统计：对数据信息按各种要求条件进行分类、统计和汇总。

地图数据输出与转换：按各种查询结果，方便地输出电子地图、专题图及统计报表，并可将电子地图按通用格式与其他地理信息系统平台进行数据交换。

主要制作各类标准统计报表、专题图，并按标准打印输出，也可直接打印输出统计分析与查询的结果（包括地图和统计数据），有以下具体功能应用：按标准格式制作各类专题图；按标准格式制作各类统计报表；对统计分析与查询处理的结果，包括图形和属性进行打印输出。对查询结果进行导出、下载操作。

④ 自定义分析功能：

针对点、线、面及地理要素查询附近及周边其他数据信息，如人口、社会经济、物种、污染源、建设项目、自然保护区、保护优先区、零度灭绝区域、重点鸟区、生态功能区、人与生物圈重要区域、生物多样性重点区域等。支持对面查询结果的叠加分析功能，可分析相交面积。支持查询结果的可视化输出及地图联动。支持对社会经济数据的统计分析功能。

⑤ 生物多样性信息的编辑、审核与发布：

对生物多样性基础数据，如物种、物种分类信息、图片、文本、音频、视频等资源的管理与维护。实现对物种信息的规整、登记、审核、入库、发布的功能。对专题数据资源的描述信息、元数据等信息进行维护管理。

（6）青海省生物多样性资源管理软件

包括系统监控管理和系统管理维护。系统监控管理是对生物多样性信息管理体系的运行状态、故障发生情况、用户来源、访问的时间、总访问量等信息开展监控管理服务。对系统提供的服务情况、共享的数据量等进行统计分析，为更好地检验项目服务效果提供信息支持。系统管理与维护是整个系统的神经中枢，搭建了整个系统的大框架，负责集成所有应用模块，并且肩负系统安全管理与维护工作。具体包括用户安全登录、用户权限、数据公共链接、应用模块调用、数据备份与恢复、安全日志管理等功能。

4. 活动正在进行中的主要工作和预期成果

目前，按照专家意见和各部门需求，正在开展试运行过程中的具体问题优化调整。下一步将根据项目办要求提供相应的产出和成果，将其展示给部门决策者、管理者等不同利益相关方，帮助他们了解信息管理体系的登录方法和开放使用原则，确保数据和知识能传递到公众和决策者。

三、成果评估

1. 成果的主要亮点或创新点

项目在青海省生物多样性信息平台建设中，通过应用信息共享平台技术、网络地理信息系统技术，建设完成青海省生物多样性应对气候变化管理体系信息平台，平台对省级生物多样性响应气候变化的相关数据资源进行整合，集成了区域生物多样性监测评估专题资源，实现青海省级生物多样性信息资源、数据资源的共享和服务。项目的主要创新点有：

① 利用基于互联网的地理信息共享平台技术，实现青海省生物多样性相关信息资源的整合与集成，包括物种资源、区域基础地理、区域生态状况监测、土地利用／覆被定期遥感调查数据及人类活动高分辨率卫星遥感数据等。

② 项目利用地理信息空间可视化技术实现生物多样性物种资源可视化，包括分布的表达、图件资源的分享与可视化。

③ 项目信息系统建设为省级生物多样性重点区域的监测、评估提供信息共享的

平台。

④ 项目信息系统为响应气候变化的各部门和机构提供生物多样性信息查询服务共享平台。

2. 成果的价值和已有应用

① 在数据资源方面，整合了青海省的生物多样性物种名录数据、自然保护区、重点保护地、重要湿地、生态功能区划、主体功能区划、彩色照片数据、植被图数据、空间分布数据、元数据等。在数据共享和关联方面，通过 API 进行缓存实现资源多种方式的共享，以统一的界面呈现给用户，确保用户快速获取权威、多源的数据，实现生物多样性资源共享的一站式服务。

② 在软件系统功能方面，通过 Apache Tomcat、SQL Server、Web-GIS、CMS 等开源或二次开发信息技术，实现生物多样性资源快速搜索、发布共享与增量更新管理，以不同专题地图的方式呈现目标地区的数据资源。通过可视化工具增强对生物多样性的理解以及人类对其的影响，制订未来缺失数据的优先采集计划。

③ 通过信息技术使得多源数据共享得到有效的访问、发现和组织，包括通过多方努力合作来提升数据质量、数据资源类别。

④ 在生物多样性信息服务方面，对区域生物多样性数据资源提供在线查询、可视化分析和离线下载等服务能力。

3. 项目设计、实施过程及项目管理中存在的经验、不足和问题

从生物多样性信息学的未来发展视角，当前的项目在规划上仍然存在不足，特别需要在弥补数据上的缺口及多源数据的集成及资源权属的明晰化、大数据分析服务及更深层次的数据合作共享方面加大投入。

生物多样性资源大多零散地分布在多个专业人员和团队中，生物多样性响应气候变化的管理体系的研究目前更倾向于数据资源的采集和整合，以异构和非标准数据结构形式进行处理。这些数据集是零散地分布在网络中，如何利用移动互联网络技术解决生物多样性共享、服务于应对气候变化仍有待加强。

4. 今后进一步开展此领域研究以及加强项目管理的建议

生物多样性资源多分布于各个行业部门，真正的数据共享在现实中很难达到，但是通过众多诸如本项目的实施，可以使得数据资源共建、共享更深入一步，建议多在探讨部门协调共享机制方面加强项目支持力度。

生物多样性响应气候变化信息管理体系总体设计见图 6-1-1，信息管理体系见图 6-1-2。

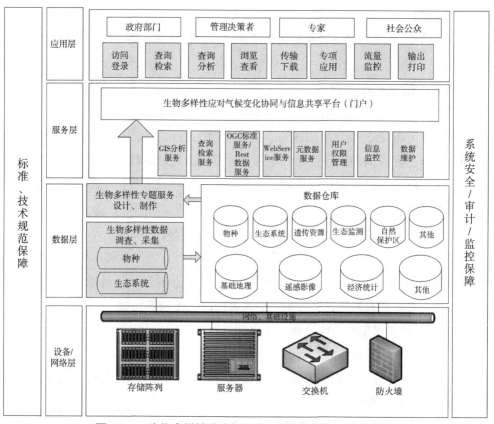

图 6-1-1　生物多样性响应气候变化信息管理体系总体设计

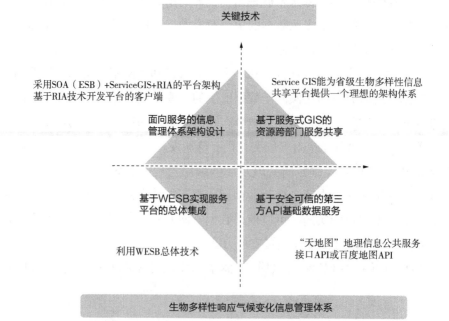

图 6-1-2　生物多样性响应气候变化信息管理体系

第二节 企业意识提升

项目名称：结合气候变化面向企业提升决策者生物多样性保护意识及能力

一、背景

1. 意义

本项目是环境保护部与 UNDP 共同实施的 GEF 项目，旨在为构建和实施"中国生物多样性伙伴关系与行动框架"（CBPF）提供机构与能力建设保障。企业通过参与生物多样性相关的活动能够更好地减缓气候变化（如碳信息披露、核定、排放、交易和管理），已成为企业实现商业价值的重要途径。鉴于企业是影响生物多样性的重要责任主体，而国内在推动企业参与生物多样性方面尚待开发，特别是数量最多、环境影响面与风险最大、意识和能力相对最薄弱的中小企业。相比大型企业和上市公司，中小企业经营活动覆盖各行各业，在宣贯气候变化与节能减排要求方面已有一定工作基础和机制保证，因此本项目拟以中小企业为主体，将生物多样性与气候变化、节能减排等结合，开展"提高重要决策者认知和意识"的活动，提升中小企业决策者保护生物多样性的意识与能力，全面启动企业宣贯工作，逐步纳入中小企业决策者培训体系。

2. 目标

通过基线分析，研究将生物多样性结合气候变化与节能减排等纳入面向企业开展的宣贯服务体系与机制保障，设计发放调查问卷（不少于 3 000 份）分析以中小企业为主的不同行业、区域、规模的企业参与生物多样性保护的意识、需求和动机，开发案例和培训包，并为 300 家以上的企业提供培训并评估效果和影响，并进行宣贯推广等一系列工作，用于提高中小企业在气候变化战略和行动方案中纳入生物多样性保护的意识和能力，推动培训宣贯等机制的形成和发展。

3. 内容

项目活动分三个步骤：一是通过企业调研和基线分析，研究设计将生物多样性结合气候变化与节能减排等纳入面向企业开展的宣贯服务体系与机制保障。二是开发能力建设培训包并组织实施以中小企业为主不少于 300 家企业跨区域、跨行业培训活动。三是总结评估培训效果，推广培训成果，规范和推动企业宣贯工作。

4. 实施及完成时间

项目于 2015 年 1 月开始，2015 年 11 月完成。

二、开展的主要活动和取得的成果

1. 活动 1 的主要工作和取得的成果

主要工作：整理、分析资料，设计、开发《中小企业生物多样性保护意识调查问卷》并组织专家研讨会，对调查问卷的内容效度和结构效度进行讨论和评审。

取得的成果：完成《中小企业生物多样性保护意识调查问卷》。

2. 活动 2 的主要工作和取得的成果

主要工作：在企业合作机构的协助下，通过在线调查、入企走访等形式，向不同行业、不同区域中小企业决策者及管理者开展问卷调研。深入分析调查结果，完成中小企业生物多样性保护意识调研报告。

取得的成果：完成《中小企业生物多样性保护意识调研报告》。

共发放调查问卷 3 470 份，回收问卷 3 395 份，回答率 89.18%，其中有效问卷 3 092 份。调查对象基本覆盖全国各个区域，主要涉及 10 个行业的企业。在此基础上完成《中小企业生物多样性保护意识调研报告》，共得出以下结论：企业的生物多样性专业知识储备不足，对国内外推动企业参与生物多样性方面所做的工作了解不够；企业管理决策层对生物多样性的了解程度最高；企业参与生物多样性工作需求度有待提升；产生的需求聚焦在生物多样性基础知识普及方面；各行业对生物多样性相关知识的了解程度均偏低，但相比较而言，采矿业对生物多样了解程度最高；各行业参与生物多样性的潜力和需求存在显著区别，与生物多样性联系紧密的行业需求度明显偏高。

针对发现，提出了以下建议。一是推广和普及生物多样性相关知识，提升企业保护生物多样性的意识和能力。二是鼓励企业全方位参与生物多样性，推动生物多样性保护工作主流化。三是鼓励支持采矿业企业作为试点，"以点带面"逐步推广生物多样性保护工作。

3. 活动 3 的主要工作和取得的成果

主要工作：通过文献分析、专家访谈等方式，对国内外企业将生物多样性纳入企业培训体系及运行机制的状况进行全面研究，把握目前我国中小企业结合气候变化、节能减排等开展生物多样性保护培训的渠道和方式，综合分析现有培训服务体系及机制存在的问题，并根据国内外企业相关生物多样性保护培训宣贯体系及机制运行经验，提出面向我国中小企业的针对性建议，提出推进生物多样性纳入中小企业培训体系的行动方案。

取得的成果：完成《将生物多样性纳入中小企业培训宣贯体系和机制的研究

报告》。

通过调研发现，在国家体系以外，其他的培训体系相对比较薄弱，国家各部委都已形成了规范完备的培训宣贯体系。比如国资委有针对大型央企的培训宣贯体系，工信部有针对中小企业的培训宣贯体系。在调研中我们还发现，这些部委都有意愿与环境保护部合作。在充分了解现有培训宣贯体系后，我们建议环境保护部可充分利用政府其他部委现有的培训宣贯体系，建立合作机制，达到低成本、高效益的效果。

4. 活动 4 的主要工作和取得的成果

主要工作：通过对相关领域研究成果、信息和数据的收集，挖掘企业结合气候变化、节能减排参与生物多样性、实现应对气候变化的做法和最佳实践案例，包括负面案例研究。通过对案例应用到同类型其他企业的可能性／前景进行分析，提出在同类型推广应用该案例的技术建议（包括可能的障碍、解决方案、企业应用后可获得的潜在收益等），并结合将生物多样性纳入中小企业培训的宣贯体系和机制，促进实现"把生物多样性保护纳入有关政策、计划"的目标。

取得的成果：完成《中小企业参与生物多样性资料汇编》。

按"生物多样性三大保护目标"分类，分别列举几个企业案例进行介绍。

生物多样性保护案例：① 正谷（北京）农业发展有限公司：有机农业可持续发展实践；② 北京资源亿家集团：打造黑猪事业共同体生态圈；③ 汇丰银行（中国）有限公司：汇丰与气候伙伴同行；④ 中国长江三峡集团公司及其下属公司：保护珍稀濒危动植物；⑤ 中国广核集团及其下属公司：核电发展与保护区建设齐头并进；⑥ 中国石油天然气集团公司及其下属公司：油气开发中保护生物多样性。

可持续利用案例：① 珠海格力电器股份有限公司：科技创新助力生物多样性与绿色发展；② 中国铝业股份有限公司及其下属公司：采矿无痕，中铝打造生态矿山；③ 中国海运（集团）总公司及其下属公司：生物多样性保护。

公平公正惠益共享案例：① 西藏奇正藏药股份有限公司：藏药材的可持续利用；② 英国石油公司：墨西哥湾漏油事件教训经验。

5. 活动 5 的主要工作和取得的成果

主要工作：开发适合中小企业生物多样性相关工具，指导中小企业开展生物多样性保护，促进节能减排、应对气候变化、提高自身意识行动水平。对中小企业生物多样性保护培训需求进行深入分析。确定培训课件主题，开发培训课件。

取得的成果：五大培训课件、5 个技术工具。

五大培训课件：生物多样性基础课件、中小企业参与生物多样性挑战与机遇课件、中小企业参与生物多样性优秀实践课件、中小企业参与生物多样性实务课件、中小企业参与生物多样性信息披露课件。

5个技术工具：企业识别生物多样性相关性的检查表和自评估问卷、企业在气候变化和环境管理中纳入生物多样性的指标的指南、企业在气候变化或可持续发展战略中纳入生物多样性的指导手册、企业在社会责任（CSR）报告中编写关于生物多样性内容的方法、企业制订生物多样性行动计划的工具和方法。

6. 活动6的主要工作和取得的成果

主要工作：与协会、政府、机构等相关方合作，组织召开企业参与生物多样性培训会。对会议进行策划、筹备，邀请不同行业、区域、规模的中小企业，召开培训会。会后将培训内容制作成视频文件，以供传播推广。

取得的成果：培训约320家企业。

在全国12个城市（2个直辖市、8省10市）举办生物多样性培训，共通过与行业协会、国际组织、政府开展密切合作，培训320家企业。其中，通过企业定制培训，共培训了113家企业；通过论坛研讨，共培训了108家企业；通过公开课，培训了47家企业，公开课上对国家标准中的生物多样性内容进行重点讲解；通过与政府等机构合作，培训了35家企业；通过走访，培训17家企业。

7. 活动7的主要工作和取得的成果

主要工作：目前一般培训单位开展的培训效果评估往往只停留在对培训项目中所授予的知识和技能进行考核，并没有深入受训者的工作行为及态度的改变、能力的提高、工作绩效的改善和为企业带来的效益等层次上来，即评估工作只停留在初级层次，不够全面，且与企业实际工作脱节。

我们注意总结以往评估存在的问题，在此次培训效果评估中采用美国学者柯克帕特理克（Kirkpatrick）提出的培训效果评价模式，从反应、学习和行为三个评估层次进行评估。按各级别的评估重点，采用不同的方法在不同的时间段内进行效果评估，以实现培训过程中受训者与培训方的互动交流，及时掌握受训者在生物多样性知识的学习、保护意识和行为方面的变化并做出客观的评估。

取得的成果：完成《中小企业培训效果和影响评估报告》。

通过应用柯氏评估模型，对面向中小企业决策者开展的多样化生物多样性培训活动的反应层（评估受训者对培训课程的满意程度）、学习层（评估受训者的学习获得程度）和行为层（考察被受训者的知识运用程度）进行评估，总体培训效果良好，并对中小企业起到了积极的推动作用，打开了国内中小企业生物多样性培训的先河。受训者在不同的培训形式下都能够很好地学习生物多样性相关知识，达到了较高的掌握水平，并开始逐渐运用到工作中去。但在培训过程中也发现了部分问题和建议，需要在未来的培训工作中继续完善。我们提出三个建议：一是拓宽培训形式，开发网络授课培训；二是结合企业需求，提供针对性培训；三是加强宣贯力度，扩大培训规模。

8. 活动 8 的主要工作和取得的成果

主要工作：通过资料研究、企业现状分析等，编制将生物多样性纳入中小企业培训体系的宣贯指引。

取得的成果：完成《将生物多样性纳入中小企业培训体系的宣贯指引》。

三、成果评估

1. 成果的主要亮点或创新点

（1）亮点 1：研究成果创造多个国内第一

编写首个以中小企业为主的企业参与生物多样性资料汇编。分析我国企业参与生物多样性的发展现状以及参与生物多样性的机遇挑战，按照生物多样性保护三大目标对企业参与生物多样性实践进行分类，分析各案例实践情况，提出应用前景分析和应用推广建议。

开发首个面向中小企业的生物多样性培训包。通过对气候变化、节能减排和生物多样性方面的研究，把握企业内外需求，开发了包含五大课件的培训包，分别是生物多样性基础知识课件、企业参与生物多样性保护基础课件、企业参与生物多样性经验课件、生物多样性保护实务课件、生物多样性保护传播课件。

（2）亮点 2：与行业协会、国际组织、政府开展密切合作开展多样化的培训活动

共通过与行业协会、国际组织、政府开展密切合作，培训 320 家企业。其中，通过企业定制培训，共培训了 113 家企业；通过论坛研讨，共培训了 108 家企业；通过公开课，培训了 47 家企业，公开课上对国家标准中的生物多样性内容进行重点讲解；通过与政府等机构合作，培训了 35 家企业；通过走访，培训 17 家企业。

2. 成果的价值和已有应用

（1）价值 1：将生物多样性内容纳入国家社会责任标准中

生物多样性内容纳入《社会责任指南》（GB/T 36000—2015）、《社会责任绩效分类指引》（GB/T 36002—2015）等国家标准中。其中，纳入的生物多样性内容包括识别、评估活动对生物多样性的不利影响以及采取措施保护生物多样性等。

（2）价值 2：推动生物多样性保护成为中央企业"十三五"社会责任战略规划研究子课题

中国铝业下属云铜集团承担中央企业"十三五"社会责任战略规划编制子课题"中央企业参与生物多样性保护研究"。

3. 项目设计、实施过程及项目管理中存在的经验、不足和问题

经验：制订合理的时间计划，按照计划推进项目进程。

4. 今后进一步开展此领域研究以及加强项目管理的建议

采用"五位一体"多元共促的方式推动中小企业生物多样性意识和能力提升。

政府引导：从规制、推进、监督等方面引导企业，为中国生物多样性推进提供法律政策机制。

行业推动：通过服务、协调等职能，构建较为完善的行业自律机制。

企业实践：担当推进中国生物多样性的主力军，增强企业责任竞争力与可持续发展能力。

社会参与：充分发挥舆论监督作用，建立健全社会监督服务机制，营造有利于各方参与生物多样性的良好环境。

国际合作：促进形成中国生物多样性与全球协同机制，搭建中外生物多样性先进理念与实践交流的平台。

第三节　可持续发展战略

项目名称：结合履约发展新形势，中国生物多样性 CBPF 框架（CBPF）可持续发展战略研究和实施

一、背景

1. 意义

2015 年 3 月 24 日，中共中央政治局会议审议通过了《关于加快推进生态文明建设的意见》，其中就提出到 2020 年实现"生物多样性丧失速度得到基本控制，全国生态系统稳定性明显增强"的目标，为系统化、科学化地建立"中国企业与生物多样性伙伴关系"机制奠定了良好的政策基础。

中国生物多样性 CBPF 框架（CBPF）可持续发展研究和实施是为当前和今后一个时期设计出明确的实施路线和行动方案，不仅是通过促进中国社会不同部门参与生物多样性以促进对国家生物多样性战略纲要的具体落实，也必将对我国的生态文明建设产生积极和深远的影响，为推进生物多样性在中国主流化做出贡献，具有重要意义。

2. 目标

结合最新公约履约发展动向，包括 TEEB，中国加入"企业与生物多样性全球伙伴关系"（Global Partnership for Business and Biodiversity）与来自不同部门的多利益相关方

关于参与生物多样性保护、可持续利用和公正获取惠益分享的工作方向、趋势和进程，深入研究"中国生物多样性 CBPF 框架"（CBPF）通过纳入具有代表性的地方政府、地处保护区内的非政府组织 NGO 和社区组织、产业协会和科研机构等，贡献于 CBPF 伙伴关系网络的扩大和在 CBPF 结束后（2017 年）的可持续发展。

3. 任务内容

项目活动分三个步骤：一是研究来自国内跨部门的不同利益相关方包括地方政府、在保护区开展工作的非政府组织 NGO 和社区组织 CBO、行业协会与科研机构等当前参与和实施生物多样性的总体情况，完成《生物多样性与中国社会不同部门关联性研究和部门参与有效性调查》；二是完成《中国生物多样性 CBPF 框架（CBPF）可持续发展战略和行动方案》，包括组织架构、技术服务和财务平衡；三是根据《战略与行动方案》，对筛选出来的五个部门试点单位提供一系列服务。

4. 实施及完成时间

项目实施及完成时间：2015 年 9 月底—2016 年 1 月 31 日。

二、开展的主要活动和取得的成果

1. 活动 1 的主要工作和取得的成果

主要工作：通过开展文献研究、问卷调查、专项研讨等活动收集充足的信息、数据，分析各部门性质和特点，各利益相关方与生物多样性关联程度的强弱、参与动机的高低，相关激励和要求机制的多少、所受拉动和推动因素的有无，以及参与的风险和机会、需求和挑战、成本和效益的分析等，深入了解目标利益相关方参加生物多样性伙伴关系的兴趣、意愿和动机，明确不同部门参与生物多样性的做法、可能性和前景预测，最后得出结论。

取得的成果：完成《生物多样性与中国社会不同部门关联性研究和部门参与有效性调查》。

共回收调查问卷 308 份，调查对象基本覆盖全国各个区域，主要涉及地方政府、在保护区开展工作的非政府组织 NGO 和社区组织 CBO、行业协会与科研机构五个部门。在此基础上完成《生物多样性与中国社会不同部门关联性研究和部门参与有效性调查》，共得出以下结论：我国地方政府、行业协会、科研机构、在保护区开展工作的非政府组织及社区组织大部分均参与并实施了生物多样性相关工作，通过制定相关规章制度、开展生物多样性相关项目及活动，在不同领域对生物多样性保护发挥了不同作用。

地方政府是各地生物多样性保护工作的责任主体。生物多样性的保护与可持续利用正迅速进入省级层面的发展规划中，尤其是一些开展生物多样性保护工作较好的省份，如云南省、广西壮族自治区、海南省等生物多样性丰富地区，在省级规划中对生物多样性已有了更为全面的考虑，出台了生物多样性保护相关的政策法规，包括生物多样性保护办法，生物多样性保护相关的指南、指标体系，环境影响评价中生物多样性标准或指标体系等，但仍缺少有关遗传资源的获取与惠益分享方面的法律法规。同时，被调查的五个部门中，地方政府部门人员参与生物多样性相关活动的意愿最高，推动我国生物多样性相关项目活动的进程和主流化是地方政府部门人员参与生物多样性相关活动最主要的动机。

行业协会是连接政府与企业的桥梁和纽带，推动并指导企业参与生物多样性保护。部分行业能够通过发布社会责任等报告披露行业内企业生物多样性保护的相关信息，其中制造业、电力行业、采掘业、交通运输业、地产业、建筑行业、制药业、农业、林业、渔业等行业企业对生物多样性议题信息的披露较多；一小部分行业协会建立了相关评价指标体系，用来系统评估与分析行业内生物多样性的保护情况，如中国对外承包工程商会、中国工业经济联合会都建立了类似的指标体系，并通过年度的评估活动取得了相关的信息数据，对于分析行业内生物多样性保护情况具有很高的价值。同时，另一部分行业协会也发布了生物多样性相关的实践指南与实施手册，具体指导企业参与生物多样性保护，如《水电可持续发展指南》。总体上看，具有上述生物多样性保护相关行动的行业协会占比较少，大部分行业协会没有开展系统的生物多样性保护相关行动。

科研机构是实施生物多样性保护工作的重要载体。我国各大相关高校及科研院所目前基本均设有与生物多样性相关的院系、学科或实验室。通过人才培养、发表生物多样性相关的论文专著、组织开展生物多样性相关项目活动等方式，促进了生物多样性知识的交流与扩散。参与生物多样性研究的高校及相关科研院所大部分均承担并完成了国家、中国科学院、有关部委和省市的重大、重点研究项目以及国际合作项目。其中，研究生物多样性保护与可持续利用方向获得成果较突出的科研机构有北京林业大学、中国科学院植物研究所、西北农林科技大学等；研究遗传资源的获取与惠益分享方向获得成果较突出的有中央民族大学、原环境保护部南京环境科学研究所等科研机构。

非政府组织是连接政府与公众的桥梁，协助政府推进并呼吁公众参与生物多样性保护工作。经调查研究发现，在与生物多样性关联性方面，民间环保非政府组织相对于公办环保非政府组织在生物多样性保护方面的社会影响力更大、公众参与性更强，通过各种渠道加强呼吁，努力迫使政府、社会重视，关注生物多样性保护，赢得了社会的认可。目前，这两类民间组织的数量也在逐年上升，分布遍及全国各地，例如北京市的"自然之友""山水自然保护中心"；云南省的"绿色高原"；四川省的"绿色江河"等，都在生物多样性相关工作上取得了突出成果。

在保护区开展工作的社区组织是生物多样性保护工作的直接受益群体。社区组织通过参与保护区的环保教育活动，对生物多样性保护和保护区的重要性有了深刻的认识，使保护区与周边社区关系逐步得到改善，且参与能力显著增强，如三江源自然保护区内的玉树哈秀乡云塔村村民通过接受监测巡护系列培训具备了科学监测能力；能源替代和生计替代项目的实施，减少社区居民生产、生活对自然资源的依赖，资源破坏活动明显减少，示范效应逐步扩大。

针对发现，提出了以下建议：一是与生物多样性关联性高且参与有效性高的省份可先纳入生物多样性伙伴关系网络，将生物多样性纳入地方政府部门工作的各个方面，形成一套完整的主流化理论和方法，从而为其他省份生物多样性相关工作的实施提供理论依据、技术方法与经验；二是加强行业协会参与生物多样性的意识和能力，为行业内企业搭建更广泛的生物多样性交流与合作平台；三是将与生物多样性关联性强且参与有效性强的科研机构纳入生物多样性伙伴关系网络，加强生物多样性相关项目活动的交流与示范，为我国生物多样性研究、保护和利用提供实质性科学数据与技术方法；四是将与生物多样性关联性高且参与有效性高的非政府组织纳入生物多样伙伴关系网络，通过传播生物多样性保护及环境保护理念、知识法规，推动中国生物多样性保护的发展；五是统筹不同社区组织资源，加强对社区组织的交流与合作，充分利用社区组织的区位优势，提高民众参与生物多样性的意识和能力，实现保护区众多社区组织与保护区管理部门在不同工作领域之间的协调和联动。

2. 活动 2 的主要工作和取得的成果

主要工作：根据成果 1 的分析和结论，在地方政府、本土 NGO、产业协会、社区组织和科研机构等五个部门中分别筛选合作伙伴作为试点项目。开展 CBPF 可持续发展战略研究，然后从组织架构、技术能力和财务平衡三个方面设计 CBPF 可持续发展行动方案。

取得的成果：完成《中国生物多样性 CBPF 框架（CBPF）可持续发展战略和行动方案》。

在中国生物多样性伙伴关系可持续发展战略研究中，共得出以下结论：中国社会不同部门参与生物多样性面临新形势；生物多样性成为全球可持续发展的重要议题；中国政府高度重视生物多样性，成立了"中国生物多样性保护国家委员会"，现任主席由国务院副总理张高丽担任，25 个部委主管领导任委员会成员；生物多样性成为社会责任标准的重要内容；地方政府、行业协会对促进企业参与生物多样性已展示出一定的推动和拉动效应；生物多样性成为社会责任报告披露的新内容。

中国社会不同部门参与生物多样性面临的问题与挑战。地方政府尚未将生物多样性融入日常工作中，还需提供更强的支撑和服务；行业协会尚未充分发挥对企业参与生物多样性的推动作用；科研机构之间尚未构建比较系统的生物多样性联合研究机制，还需加强不同学科之间的跨领域合作与交流；非政府组织尚未充分发挥连接政府与公众的桥梁作用，还需进一步协助政府推进并呼吁公众参与生物多样性保护工作；社区组织尚未充分参与到生物多样性工作中，还需进一步增强其执行能力。

中国生物多样性伙伴关系可持续发展战略规划的总体思想是坚持可持续发展观，提高不同部门参与生物多样性的有效性，增强部门之间的协同性，逐步形成一个更加庞大、更可持续发展的"CBPF 伙伴关系网络"，推动生物多样性在不同部门的主流化。

工作思路是以中国生物多样性保护优先区域为主线，地方政府为主导，环保系统为核心，企业参与为依托，合作伙伴为基础，以生物多样性与不同部门关联性和有效性调查研究所初步筛选的单位为补充，构建出关系紧密、协同能力强、影响力大的生物多样性伙伴关系网络。

伙伴关系发展中坚持推广、培育和提升原则，设置即期目标、近期目标、中期目标和远期目标，并提出五大战略任务，包括提高政府的引导能力、科研机构的技术支持能力、行业协会的服务能力、非政府组织（NGO）的传播和推动能力、社区组织的参与能力。

中国生物多样性伙伴关系可持续发展行动方案中，明确了设置秘书处的目的、职能、管理制度、人员岗位及相应职责、与其他机构部门沟通合作途径。技术能力开发涉及六个方面：一是扩大 CBPF 伙伴关系，二是加强信息管理和监测，三是促进企业生物多样性信息披露，四是评估企业的年度报告，五是针对自然资源开发领域的私人企业保护的可持续利用生物多样性和生物资源的激励建议，六是保护区内非政府组织和／或私营企业参与计划、管理、投资。财务平衡中坚持以收定支、厉行节约、公开监督、非营利性原则，制定财务信息公开制度，构建多层次、多元化的融资模式。

保障措施从以下五个方面落实：一是加强组织领导，二是落实配套政策，三是提高实施能力，四是加大资金投入，五是加强国际交流与合作。

3. 活动 3 的主要工作和取得的成果

主要工作：根据《战略与行动方案》，对筛选出来的五个部门试点单位提供一系列服务，包括针对试点单位的培训交流、开发案例研究。

取得的成果：开发五大培训课件，向试点单位提供培训服务，开发十个案例，形成效果评估和社会影响报告。

五大培训课件：生物多样性基础课件、参与生物多样性挑战与机遇课件、参与生物多样性优秀实践课件、参与生物多样性实务课件、参与生物多样性信息披露课件。

走访中国企业联合会、中国五矿化工进出口商会、工信部政策法规司、国资委研究局等部门，提供意识提升和能力建设服务；邀请试点单位参加金蜜蜂 CRO 俱乐部生物多样性交流活动。

开发研究十个案例，包括深圳市南山区政府、湖北省孝感市政府、辽宁铁岭市政府、四川攀枝花市政府、中华环保联合会、中国中药协会、五矿化工商会、云南省景东县社区、中央民族大学、WTO 经济导刊。

对试点单位开展的生物多样性培训交流活动进行评估，从反应层、学习层和行为层进行评估，总体培训交流效果良好，并对各部门起到了积极的推动作用。但在培训交流过程中也发现了部分问题，需要在未来的培训交流工作中继续完善。我们提出三个建议：一是拓宽培训形式，提高各部门知识获取的效率和效果；二是结合各部门需求，提供针对性培训；三是加强宣贯力度，扩大培训规模。

三、成果评估

1. 成果的主要亮点或创新点

（1）亮点 1：系统开展生物多样性与中国社会不同部门关联性研究和部门参与有效性调查

一方面，我国许多部门对于生物多样性还缺乏系统的了解，参与生物多样性的意识都比较低，更不清楚该如何实现生物多样性保护、可持续利用、公正公平获取和惠益分享。另一方面，我们目前所做的工作还不够系统化，缺乏连续性和统一性，各个方面互相分割没有形成合力。只有通过开展生物多样性与中国社会不同部门关联性研究和参与有效性调查，才能摸清底数，深入了解部门性质和特点，与生物多样性在关联程度的强弱、参与动机的高低、相关激励和要求机制的多少等，为筛选和确定潜在目标伙伴奠定基础。

（2）亮点 2：行动方案体系推动 CBPF 可持续发展战略的落地

方案对接国家相关规划和政策，对接我国生态文明建设和环境保护的相关政策建议，参考国际相关公约和倡议；从组织管理层面、实践层面和传播层面提供系统解决方案，推动我国社会不同部门参与生物多样性的主流化，同时确保 CBPF 伙伴关系以及运营伙伴关系的机构也具有长久性；方案立足于我国实际情况和多利益相关方的真实需求，明确了以中国生物多样性保护优先区域为主线，地方政府为主导，环保系统为核心，企业参与为依托，合作伙伴为基础构建生物多样性伙伴关系网络的工作思路。同时，根据《战略研究与行动方案》，对筛选出来的五个部门试点单位提供一系列服务，为方案的进一步落实做铺垫。

2. 成果的价值和已有应用

① 价值1：《生物多样性与中国社会不同部门关联性研究和部门参与有效性调查》帮助筛选出与生物多样性关联性和部门参与有效性高的目标伙伴，为扩大伙伴关系奠定基础。

② 价值2：《中国生物多样性CBPF框架（CBPF）可持续发展战略和行动方案》为CBPF可持续发展战略的实施提供依据。

③ 价值3：开发出中国社会不同部门参与生物多样性的典型案例，为各部门参与生物多样性提供参考。

3. 项目设计、实施过程及项目管理中存在的经验、不足和问题

经验：制订合理的时间计划，按照计划推进项目进程。

4. 今后进一步开展此领域研究以及加强项目管理的建议

提高不同部门参与生物多样性的有效性是整个CBPF实现可持续发展的一个关键因素。参与的有效性得到提高才能使CBPF的影响力不断扩大，才能使CBPF发挥更大的作用，才能吸引越来越多的伙伴积极加入CBPF伙伴关系。因此，特提出以下建议：

① 应倡导责任竞争力理论，消除一些部门群体以为"保护生态环境就是付出和贡献"的误解，让各部门理解参与生物多样性是提高所处产业责任竞争力、区域责任竞争力的需要，是实现人与生态环境和谐相处的必然选择。

② 搭建一个多元化交流和示范平台，增强不同伙伴成员之间的协调与合作，帮助伙伴成员提高对生物多样性和可持续发展问题的认识，加强对其他伙伴成员参与生物多样性实践的了解，增强不同伙伴成员之间的协调与合作，减少重复、交叉和重叠性的工作，通过提供一系列的咨询、培训、评估和传播服务提高各部门参与生物多样性的意识和能力。

③ 提供系统、有效的服务体系，促进生物多样性管理，使投资更加合理、高效，如通过提供政策咨询、培训提高对生物多样性的管理水平；通过统一的信息管理和监测，加强信息分享，消除信息断层；通过合作交流改善效率通过提供更佳的组织策划方案减少输入成本；通过开发和营销低影响的方法或技术增加效益；通过优化项目管理和设计方案以减少项目对生物多样性的影响；通过宣传生物多样性友好产品、生物多样性友好型成员标签活动，促进伙伴成员参与生物多样性市场机制的培育，促进伙伴成员参与生物多样性长效机制的建设。

第四节 适应气候变化成本效益评估

项目名称：基于试点行业生物多样性适应气候变化成本效益评估方法综合研究

一、背景

1. 意义

我国是最大的发展中国家，做好生物多样性适应气候变化的工作，对于节省投入、提高生物多样性的保护效率至关重要。因此，有必要系统地研究生物多样性适应气候变化的类型、方式和价值，探索生物多样性适应气候变化成本效益评估方法，为我国政府保护生物多样性资源和履行国际公约的相关决策提供理论依据和科技支撑。

2. 目标

筛选试点行业，通过分析行业对生物多样性和气候变化的影响和研究实际案例，对生物多样性适应气候变化的分类与成本—效益评估方法进行深入研究，为相关政府决策部门确定生物多样性适应气候变化的政策制度和管理措施提供理论依据和科技支撑。

3. 任务内容

① 筛选和确定试点行业。

② 在对试点行业产业链分析的基础上，收集国内外对生物多样性和气候变化影响的经验、教训、案例、政策措施和管理办法，用于比对研究。

③ 结合行业对生物多样性和气候变化影响的案例分析，综合研究试点行业产业链上各个环节和方面所涉及的生物多样性适应气候变化的成本—效益评估方法。

④ 分析我国生物多样性适应气候变化工作存在的问题与挑战。

⑤ 提出生物多样性适应气候变化的政策和建议。

4. 实施及完成时间

项目实施及完成时间：2015 年 4 月—2015 年 12 月。

二、开展的主要活动和取得的成果

1. 活动 1 已完成的主要工作

收集、总结可供决策者或利益相关方参考以及推广应用的关于行业对生物多样性和气候变化影响案例汇总。

取得的成果1:《水电行业对生物多样性和气候变化影响的案例分析》。

2. 活动2已完成的主要工作

① 生物多样性适应气候变化的利益相关者及其参与现状。

② 气候变化对生物多样性的影响和生物多样性适应气候变化的主要方式。

③ 生物多样性适应气候变化的行动,包括建议等。

④ 生物多样性适应气候变化措施的成本与效益分析及评估方法。

⑤ 生物多样性适应气候变化工作存在的问题与挑战。

⑥ 生物多样性适应气候变化的政策和建议。

取得的成果2:《我国水电行业生物多样性适应气候变化成本—效益评估方法研究综合报告》。

三、成果的评估

1. 成果的主要亮点

本项目经过科学合理的行业筛选,确定水电行业为此次研究的试点行业,对生物多样性适应气候变化的分类与成本—效益评估方法进行深入研究,主要有以下三个方面的亮点:

① 提供水电行业生物多样性应对气变的典型实践案例。选取中国三峡、华能集团和巴西伊泰普等国内外一流水电企业,从选址、建设和运营等环节系统分析水电行业对生物多样性和气候变化的影响,为中国水电企业及相关行业企业更好地通过参与生物多样性适应气变提供经验和借鉴。

② 提供一套科学的方法和程序测算水电行业生物多样性适应气变的成本和效益。项目选取我国与生物多样性关系密切的水电行业,总结一套科学的评估方法和操作流程,从基因、物种和生态系统三个维度,评估水电行业生物多样性适应气变的成本和效益。项目在实施中,分别研究水电行业对生物多样性的影响、对气候变化的影响,以及生物多样性适应气候变化的影响,评估水电行业通过灌溉、抗旱、植树对农业生态系统、湿地生态系统、林地生态系统的价值,测算水电行业生物多样性适应气候变化的成本和效益,为社会客观评价水电开发提供科学的依据。

③ 将经济思维用于典型行业的生物多样性和生态系统服务,为相关部门制定决策提供参考。项目针对目前我国水电行业适应气候变化的生物多样性保护与管理,运用经济概念和工具评估生物多样性适应气候变化的价值,为相关政府、行业组织和企业决策部门确定生物多样性适应气候变化的政策和管理措施提供理论依据和实践支撑。

2. 成果的潜在价值

通过开展水电行业生物多样性适应气候变化成本效益评估方法综合研究，发布项目报告，项目具备了以下潜在的价值：

① 为后续推广和传播生物多样性理念提供了一种强大的工具。对生物多样性适应气候变化措施的评估可以充当一种强大的工具，向大众宣传以下理念：资源保护是可持续发展战略中处于核心地位的颇具吸引力的选择。

② 为国家/地方/企业的生物多样性决策提供了一种支持。对生物多样性适应气候变化的各项措施进行成本效益评估，有助于评估不同方案的成本和效益，因此利于合理的决策。例如，通过对各种资源利用机制进行比较，分析水电站如何开展生态调度才更有效。这种评估还能为众多问题提供有用的答案，诸如：国家/地方/企业的生物多样性战略应着重于哪些优先事项？对适应措施进行划分、价值评估以及成本效益分析，哪怕只是局部/选择性的评估，都能帮助我们找到这些问题及类似问题的答案。

③ 可以作为应对社会影响制定颇具公平意义方案的依据。通过开展研究，我们可以看清收益会被全球/国家共享，但成本（维护工作、资源使用受限）则需要当地居民承担，因此这种研究突出生态保护的公平意义。通过将这样的研究提升到国家制度层面，可以帮助决策者根据社会影响来确定工作的方向。透明度提高的成本效益比较分析可以提高谈判成效和改进生态补偿方案。通过评估清晰了解当地成本和收益，可提高促进当地利益的保护力度。在提高地方/企业收益和最大程度减少当地/企业成本上，成本效益评估都可大有作为。通过评估可以更精确地衡量成本、收益及其分配，可降低生态补偿过少（保护成果让人质疑）或过多（造成稀缺资源浪费）的风险。

3. 今后进一步开展此领域研究的建议

① 将生物多样性监测和气候变化的相关监测相结合，建立一个参与式的监测和评估系统。信息收集和监测应当作为生物多样性适应气候变化成本效益评估的一个关键方面，信息的质量决定了成本效益评估实践的质量。可以利用现存的环境和资源调查的网络建立一个统一的生物多样性和气候变化监测系统。在数据收集、数据管理和评估方面根据需要进行相应的调整。

与不同利益相关者一起建立一个参与式的监测和评估系统，利益相关部门包括进行生物多样性适应气候变化成本效益评估的数据使用机构，以及对将来政策调整收到潜在影响的社区。此外，在不同机构和相关利益者之间的数据和信息的交换特别重要，而且应该是免费的。

② 加大对无形成本和效益的初步估值研究。所做的研究越多，可以用于转移的统计数据也就越让人信服——决策者对基础技术也就越有信心。不断开发估值研究数据

库，增加对其的访问机会。开发数据库使得收益转移技术的获得更加容易，但现有数据库往往在研究上没有覆盖齐全，或无法免费获取。

③ 为未来的研究设立优先领域。目前的研究主要集中在森林生态系统，因为森林生态功能更早被人们所认知，但现有的研究远不能满足政策制定的需要，经济发展促使我们要更加重视那些受到威胁的生态系统和其对气候变化的减缓和适应。

④ 加强与生物多样性适应气候变化相关的前沿技术研究。针对合成生物学、地球工程和生物质燃料等新出现的技术，加强科学研究，开展实验，主动跟踪国外新技术研究进展，结合中国实际情况，分析新技术应用对我国生物多样性保护的影响，评估生物多样性面临的风险。同时，主动跟踪国际上对新技术应用所持的立场，加强与立场相关国家的沟通和协调。

⑤ 吸引利益相关者参与，完善多利益相关方的参与机制。要了解受益者和受损者，关注不同利益相关群体的需求；加强政府监督、引导和激励，吸纳更多的利益相关者参与；根据中国履行的《生物多样性公约》、《联合国气候变化框架公约》以及《中国生物多样性保护战略与行动计划（2011—2030 年）》等现有相关履约及政策规划，结合中国政府 2015 年正式加入《生物多样性公约》"企业与生物多样性全球伙伴关系"的新形势，以及政府生物多样性相关部门职能和主要任务的前提下，对现有的多方利益相关者参与机制进行完善。

（赵阳　高磊）